U0336719

特种养殖系列

蝎子无冬眠养殖技术

（第2版）

贾荣涛　李德远　编著

河南科学技术出版社

·郑州·

图书在版编目（CIP）数据

蝎子无冬眠养殖技术/贾荣涛，李德远编著. —2版. —郑州：河南科学技术出版社，2013.5（2024.8重印）
　（特种养殖系列）
　ISBN 978-7-5349-5719-2

Ⅰ.①蝎…　Ⅱ.①贾…　②李…　Ⅲ.①全蝎-养殖　Ⅳ.①S899

中国版本图书馆CIP数据核字（2013）第068489号

出版发行：河南科学技术出版社
　　　　　地址：郑州市经五路66号　邮编：450002
　　　　　电话：（0371）65737028　65788613
　　　　　网址：www.hnstp.cn
策划编辑：陈淑芹　陈　艳　　编辑邮箱：hnstpnys@126.com
责任编辑：陈淑芹
责任校对：马晓灿
封面设计：张　伟
版式设计：栾亚平
责任印制：张　巍
印　　刷：永清县晔盛亚胶印有限公司
经　　销：全国新华书店
幅面尺寸：140 mm×202 mm　印张：5.75　字数：144千字　彩页：4面
版　　次：2013年5月第2版　　2024年8月第13次印刷
定　　价：48.00元

如发现印、装质量问题，影响阅读，请与出版社联系调换。

第二版前言

当今，特种经济动物养殖已在不少地区成为一项新兴的产业，对促进农民创业、繁荣农村经济、带动农民脱贫致富和加速奔向小康起到了积极的作用。自20世纪80年代开始，蝎子养殖在山东、河南等省区的一些地方陆续出现，至21世纪初已在更大的范围内成为一项一度发展得如火如荼、颇具辐射力的特种养殖项目。

然而，在有些地方，有不少养蝎者遭遇到一些技术上的问题而没能得到解决，走了不少弯路，甚至丧失了继续干下去的信心。笔者曾跟河南省登封立诚蝎子养殖场的场长李全立先生深入地谈论过这个问题，他说，养蝎子不是养牛、羊、猪、鸡、鸭、鹅，人们对家畜家禽了解得多，比较熟悉，它们的适应性比蝎子强得多，生病了还能找兽医给治；养蝎子就不同了，如果对蝎子的生活习性没有足够的了解，也不给它创造合适的生活条件，就动手养起来，自然会出问题。他说自己只是高中毕业，养蝎子也是从部队上复原后才开始的，多方找书看、向人求教，做好充分准备后才试着干起来的，养蝎31年来，也遭遇过不少挫折，但终于都挺过来了。他还坦诚地指出，养蝎子常见的最大难点是要创造条件让2龄蝎和3龄蝎安全度过蜕皮关，他的做法是饲养密度小，蜕皮场所的缝隙不大、只容同龄蝎进入，环境的温度、湿度合适，蜕皮前的营养保证跟得上，到4龄以后就好养了。李先生还特意指出，恒温养蝎是养蝎生产取得高效益的关键和发展方向。他谈起养蝎子的事，流露出的是对养蝎事业的热爱、对养蝎者的热心、对养蝎业发展的热望、对促进养蝎业发展的一片真诚热情。

为了满足广大养蝎者对养蝎技术的了解和有助于养蝎者在养蝎实践中少走弯路，本书曾于2001年首次出版发行（由贾荣涛先生编著）。问世至今，已逾10年。在此期间，广大业界同仁，包括从事养蝎科学研究和养蝎生产从业者，不辞劳苦呕心沥血进行实践、探索、创新，积累了极其宝贵的新经验，使养蝎知识更丰富、养蝎技术更趋科学和成熟。值本书再版之际，将他们的新经验一并进行了介绍，以求更多的养蝎者受益，并向直接或间接为本书的修订提供了帮助的相关的专家、同仁致以诚挚的谢意。

修订后本书更加注重技术的实用性和可操作性，既保留了原书的主要内容，又细化了恒温养蝎的生产工艺，增加了养蝎生产的经营管理知识。目的在于使读者对养蝎生产的全过程有一个全面、系统的了解，并在提高养蝎经济效益的关键技术措施的基础上，根据自己的具体条件，从科学、合理地进行项目规划入手，兴建或改建、完善自己的养蝎企业，使养蝎设施建造、蝎子的选种与引种、环境控制措施的落实、饲料虫生产、蝎子的分龄管理等各个生产环节，以及产品的销售与市场的开拓等经营管理的全局都做到周密严谨、无失误，并尽可能地实行蝎子的无冬眠养殖，缩短蝎子的养殖周期，提高养蝎经济效益。

此外，值得特别指出的是人工养蝎属于特种经济动物养殖，具有效益高、风险也高的特点。养蝎的效益高是指蝎产品因总产量小而价格高，蝎子价位是猪肉价位的几十倍。养蝎的风险高则表现在多个方面：一是生产条件和技术要求较高、较严格，养蝎者只有多看一些相关的书籍和技术资料，认真进行思考和甄别，从中汲取有用的知识，才能不断地提高自己的技术素质，否则，可能会遇到一些亟待解决却又一时"求助无门"的难题；二是蝎产品是特需商品，销售对象较固定，社会需求量较稳定，销售空间不可能在短时间内大幅度扩张，因此，不可轻信"包供种、包技术、包回收""零风险"之类的虚假宣传，以免陷入炒种者精心设置的骗局。

另外，人工养蝎不仅适于立体化、高密度、恒温大规模养殖，也适合一家一户的小规模常规养殖。不管规模大小，只要经营得当都会成功。相信读者朋友会从本书中找到自己获取成功所需的秘诀的。

为广大养蝎者提供技术性指导和帮助，是我们编写本书的初衷。希望读者朋友能从本书得到启发，走上养蝎创业致富之路。

在搁笔之前，还有一句发自肺腑的话要说，那就是本人受河南科学技术出版社之邀，参与了本书的修订工作，因本人学识与经验所限，书中出现疏漏、不当甚至错误之处，在所难免，恳请业内专家及读者不吝指正。

李德远

2012 年 12 月

序

　　《蝎子无冬眠养殖技术》一书结构严谨，叙述简明清晰，内容颇有新意，对养殖爱好者来说是一本有价值的参考书。编著者探索养蝎技术已有 10 年之久，积聚了许多宝贵的经验。本书归纳了前人的一些有益的经验，但编者不落俗套，针对养蝎技术中的关键问题，解决了一些前人未曾注意到的或未曾解决的难题，这是很可喜的，对养殖技术的改进是有贡献的。

　　贾荣涛先生将手稿给我过目，嘱我做必要的修改并作序。我仔细阅读后，发现内容丰富，符合科学性，数据和结论精确，是比较全面、客观而有实际价值的著作。所以，并未提供建议，只是做上述评价，权作为序。

　　我想对本书读者说的是，学习别人的经验和自己动手并取得成功之间尚有一段距离。需要自己模仿和经过一段时间的实践才有成功的把握。在选购蝎种方面要慎重，并要了解市场的信息，以期真正取得经济效益。不仅养蝎要如此，在其他养殖方面也同样要注意。

　　希望我国的养蝎事业和其他经济动物的养殖，都能在今后不断取得长足的进步。

中国科学院院士　　宋大祥
中国动物学会理事长

第一版前言

蝎子是我国传统的名贵中药材，应用范围广，需求量大。由于人类在自然界的活动，诸如开山垦荒、筑堤造田，尤其是化肥农药的大量使用，适合蝎子生存的生态环境不断遭到破坏。近年来，人们对蝎子的需求大多靠捕捉野生蝎子。由于无计划地滥捕和人为对蝎子生存环境的破坏，野生蝎子资源日渐枯竭。长此以往，不但无法保障人民群众医疗用药的需求，而且作为一个古老的物种，有着4亿多年历史的蝎子有濒临灭绝的危险。

严峻的资源现状，迫切需要人们在加强保护野生蝎子资源的同时进行大规模的人工养殖。人工养蝎，势在必行！

我国从事蝎子的养殖研究始于20世纪50年代。那时人们对蝎子的认识很浮浅，采用的大多是落后的饲养方法，如缸养、盆养、坑养等。由于只是民间一些养殖户自主探索，养蝎技术一直没有改进。80年代，国家科委将人工养蝎列入"星火计划"，鼓励人们养蝎。近年来，随着蝎源的紧张和蝎子用途的日益广泛，越来越多的人开始重视并投身于蝎子的养殖研究中。

但由于人工养蝎尚属于初级阶段，国内无专业研究机构，也无成功的经验可资借鉴，一些已出版的养蝎技术资料中不乏偏颇之处，养殖户大多以失败而告终，有的甚至全军覆没，"蝎"本无归。

　　河南省洛宁县陈吴乡陆南养蝎场致力于蝎子的养殖始于20世纪80年代中期。10余年的实践中，我们对蝎子的生物学特性有了比较全面、深刻的了解和认识，对蝎子在人工条件下所需的生态环境进行了全面的研究和探索，针对传统养蝎法的致命不足之处和众多养殖户失败的症结所在，经过反复的试验，终于掌握了科学的常温养蝎技术。在此基础上，我们又成功地研究出了"无冬眠养蝎技术"。该项技术已于1997年12月通过河南省科学技术委员会鉴定。

　　现将多年的养殖经验汇编成册，愿该书能为广大养蝎爱好者提供技术参考。在养蝎界同仁的关心、支持和积极参与下，我国的养蝎事业必将出现新的飞跃。

　　由于水平所限，不当之处敬请广大读者朋友不吝指正，以便我们不断改进提高。

　　书中部分插图录自宋大祥著作，书稿承蒙中国科学院院士、中国动物学会理事长、著名动物学教授宋大祥博士和河南师范大学生物系教授何振武审阅，谨致谢意。本书在编写过程中，得到贾红波、刘任之、张泽民、贺泽春等同志的大力支持和帮助，在此一并致谢。

编著者　贾荣涛

目　　录

一、概　　论

（一）　蝎子的种类及分布

　　蝎子在我国中药学上称为全蝎或全虫，由于其后腹部的形状和问荆的茎相似，故又称为问荆蝎。

　　蝎子是已知最古老的陆生节肢动物之一，化石记录可追溯到 4.25 亿年前的志留纪。它属于节肢动物门，蛛形纲，蝎目，全世界共有 600 多种。蝎子性喜温热，分布在世界上除寒带以外的大部分地区。我国有记录的 15 种，如东亚钳蝎、斑蝎、藏蝎、辽克尔蝎、十腿蝎等。斑蝎主要分布于台湾省；藏蝎分布于西藏和四川西部；辽克尔蝎分布于中部各省和台湾省；十腿蝎分布于豫、陕、鄂三省交界地区；东亚钳蝎亦称马氏钳蝎，在我国分布最广，主要分布于华北、东北等地区，以河南、河北、山东等省最多，福建、台湾等地也有分布。以下介绍的均指东亚钳蝎。

（二）　蝎子的用途

1. 药用

　　蝎子是我国传统的名贵中药材。我国对蝎子的认识与应用有着悠久的历史。据《诗经》等古籍的记载，我国人民早在2 000多年前就认识到蝎子可用作人类防治疾病的药物，并在临床上得到广泛应用。宋《开宝本草》始用"蝎子"的名称，明《本草纲目》将其列在《虫部》之中，对蝎子的形态、用途、炮制方法及蜇伤防治等，均做了详尽的阐述。

全蝎入药有熄风止痉、通经活络、消肿止痛、攻毒散结等功效，可用于治疗癫痫抽搐、风湿顽痹、半身不遂、中风、瘰疬、破伤风、疮疡等症。目前，以全蝎配伍的汤剂达百余种，用全蝎配成的中成药有60多种，如《中华人民共和国药典》（2005年一部）成方制剂"再造丸""七珍丹""中风回春丸"等均以全蝎为主要成分。

世界上有些使用中药的国家如日本、新加坡等，其药用全蝎主要从我国进口。

据有关部门研究证明，蝎毒中的毒蛋白不仅含量高，相对分子质量小，热稳定性好，而且还具有独特的生理活性，对性病、癌症等疑难病症均有很好的疗效。

2. 食用

蝎子不仅可以药用，还可以作为滋补品食用，如油炸全蝎、蝎子滋补汤、蝎酒等。以蝎子为原料制作的食品不仅具有较高的营养价值，而且还是一种药膳，具有良好的滋补和保健作用。目前，蝎子食品正在逐渐兴起，已成为高档宾馆、酒店必备的菜肴，深受中外宾客的青睐。

3. 开发利用

保健品开发：随着人们生活水平的提高和对蝎子研究的日渐深入，以蝎子为主要原料的保健品被开发生产出来，如

"蝎精口服液""蝎粉""蝎精胶囊""中华蝎补膏"等。

制作工艺品：用蝎子制成的工艺品生动、新颖、奇特，颇受现代青年人的喜爱。国内有人将其制成观赏品，在美国有人将其制成圣诞礼品馈赠亲朋好友。

（三）人工养蝎子的前景

有关资料表明，蝎子资源现有可供市场量仅能达到需求量的30%左右，供需矛盾非常突出。这个突出的供需矛盾，一方面需要通过加强保护野生蝎子资源加以缓解，另一方面需要发展人工养蝎进行解决。

人工养蝎子具有许多便利条件。主要有：第一，投资可大可小；第二，占地面积小，劳动强度小，城乡男女均可从事养殖；第三，蝎子排粪量小，无臭味，不污染环境；第四，蝎子生命力强，对环境适应能力强，抗病力强，很少遭受病害；第五，淘汰下来的蝎子仍可入药，不影响利用价值；第六，蝎子繁殖速度快，产仔率高。

人工养蝎子不仅可以保障人民群众医疗用药的需求，还能使这一古老的物种得以延续，避免有4亿多年历史的蝎子灭绝。同时，蝎子市场缺口大、销路畅通、供不应求、价格呈上涨趋势，因而人工养蝎是一项理想的家庭副业，可创造相当可观的经济效益。

今后，随着研究的深入和蝎子产品的综合开发利用，人工养蝎必将造福于社会、造福于人类。

二、蝎子的生物学特性

（一）蝎子的外部形态和内部构造

1. 蝎子的外部形态

东亚钳蝎的成蝎一般体长4～6厘米，全体13节（一说18节，头胸部为6节合成），背面紫褐色，腹面淡黄色，全身表面有层几丁质化的硬皮。动物学上，把蝎子的身体分为头胸部、前腹部和后腹部三部分（图1）。

图1 蝎子的外部形态

（1）头胸部。又称前体，较短。头与胸愈合，前窄后宽呈梯形，背面有坚硬的背甲，密布颗粒状突起。近中央处的眼丘上有1对中眼，前侧角各有3个侧眼排成一斜列。中眼和侧眼皆为单眼，视力很差，只能感光而不能成像。蝎子的头胸部由6节组成，故有6对附肢：1对螯肢、1对触肢、4对步足。螯肢（图2）亦称口钳，位于头胸部

最前方，由 3 节组成，可动指内有锯齿状突起，有捕食和助食作用，可将捕获物撕裂、捣碎。触肢（图 3）又称钳肢、

图 2　蝎子的螯肢（左）

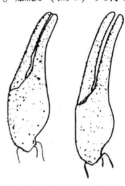

图 3　蝎子触肢末两节

左：雄　右：雌

　　脚须，由 6 节组成：基节、转节、腿节、胫节、掌节（有一不动指和可动指做捕取食物和感触之用）。4 对步足生于两侧，内连神经与肌肉，为行动器官。步足由 7 节组成：基节、转节、腿节、膝节、胫节、跗节和前跗节，末端有 2 爪。步足后 1 对均比前 1 对长，即第 1 对最短，第 4 对最长。步足的基节相互密接，形成了头胸部的大部分腹壁。第 1~2 对步足的基节和螯肢及触肢的基节包围成口前腔，口位于口前腔底部。第 3~4 对步足的基节间有一略呈五角形的胸板（图 4）。

　　（2）前腹部。又称中体，较宽，由 7 节组成。背板中部有 3 条纵脊。第 1 节腹侧有 2 片半圆形的生殖厣（生殖腔盖），下面为生殖孔。第 2 节腹面两侧各具一栉状器，为短耙状，呈"八"字形排列，上有丰富的末梢神经，是重要

的感觉器官。栉状器有齿，一般为 19 个或 21 个（雌性为 19 个，雄性为 21 个）。第 3~7 体节腹板较大，在两侧有侧膜与背板相连。侧膜有伸缩性，因而腹部可舒张或缩小。第 3~6 节腹面的左右各有 1 个圆形书肺孔，分别与相应的书肺相通，是外界与体内气体交换的通道，有呼吸作用。第 7 节呈梯形，前宽后窄，连接后腹部。

头胸部和前腹部较宽，合称躯干。

（3）后腹部。又称末体或尾部。后腹部细长如尾状，橙黄色，由 5 节组成，能向上或左右蜷曲，但不能

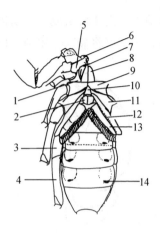

图 4　蝎子躯干的腹面

1. 第 1 足基节　2. 生殖厣　3. 第 4 足转节　4. 第 4 足腿节　5. 触肢基节　6. 螯肢　7. 第 1 足颚叶　8. 第 2 足颚叶　9. 第 2 足基节　10. 胸板　11. 第 3 足基节　12. 第 4 足基节　13. 栉状器　14. 第 4 书肺孔

向下弯曲。各节背面有中沟，背面至腹面还有多条齿脊。第 5 节最长，深褐色，其腹面后缘节间膜上有一开口，为肛门。第 5 节后为一袋状的尾节，内有 1 对白色的毒腺。尾节最后方为一尖锐毒针，毒针近末端靠近上部两侧各有 1 个针眼状开口，与毒腺管相通，能释放毒液（图 5）。蜇刺可以用来攻击天敌和捕获猎物，也是蝎子用来自卫的武器。

2. 蝎子雌、雄的区别

蝎子雌雄异体，成蝎的两性差别较为明显，主要表现在以下几个方面：

（1）体长、体宽不同。雄蝎体长 4~4.5 厘米，体宽 0.7~1 厘米，雌蝎体长 5~6 厘米，体宽 1~1.5 厘米。

（2）触肢的钳不同。雄蝎触肢的钳比较粗短，而雌蝎的则比较细长。

图 5　蝎子的毒针

（3）触肢可动指的长度与掌节宽度的比例不同。雄蝎为 2 : 1，雌蝎为 2.5 : 1。

（4）触肢可动指基部不同。雄蝎该部位的内缘有明显隆起，雌蝎无明显隆起。

（5）躯干宽度与后腹部宽度的比例不同。雄蝎上述之比不到 2，雌蝎的则超过 2.5。

（6）胸板下边的宽度不同。雄蝎的胸板下边较窄，雌蝎的则比较宽。

（7）生殖厣软硬程度不同。雄蝎的较硬，雌蝎的则比较软。

（8）栉状器的齿数不同。雄蝎一般为 21 个，雌蝎则为 19 个。

3. 蝎子的内部构造

蝎子各体节由背板和腹板组成，各节有节间膜相连，能自由伸缩。体腔内有消化系统、呼吸系统、循环系统、排泄系统、神经系统、感觉器官、生殖系统和内分泌腺,各有其不同的生理功能(图6)。

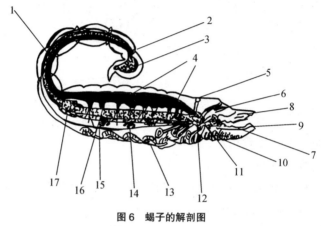

图6 蝎子的解剖图

1. 后肠 2. 肛门 3. 毒腺 4. 心孔 5. 中眼 6. 侧眼 7. 口 8. 螯肢
9. 触肢 10. 步足 11. 咽下神经节 12. 唾液腺 13. 书肺 14. 盲囊
15. 腹神经索 16. 中肠 17. 马氏管

(1)消化系统。蝎子的消化系统主要由消化管和唾液腺组成。消化管分前肠、中肠和后肠3部分。食道下方有团葡萄状的唾液腺,蝎子进食时,唾液腺能分泌消化酶,并将其吐出体外,在体外将食物消化成肉糊状,而后吮吸入前肠。中肠位于前腹部中央,肠壁的上皮细胞可分泌消化液,促进食物分解。中肠是蝎子消化食物和吸收营养的主要器官。后肠位于后腹部中央,是食物残渣排出体外的通道。

蝎子前腹壁内侧，有一串串褐色葡萄状腺体，这是贮存营养的盲囊。盲囊的大小不固定，它与发育程度有关：蜕皮前蝎子肥胖时，盲囊就肥大；蜕皮后由于营养转化，盲囊就瘦小得多；孕雌蝎在卵子发育阶段，盲囊占去绝大部分空间，而临产前则收缩得很小。

（2）呼吸系统。蝎子的呼吸主要靠书肺进行。书肺位于第 3~6 腹节的书肺孔下面，每节 1 对，共 4 对书肺。书肺具有一个坚韧的囊，它是由腹侧壁内陷形成的。书肺孔是蝎体与体外进行气体交换的通道。由于肌肉的舒张和收缩，书肺吸入外界新鲜空气中的氧气，通过书肺中的微血管进入心脏，供应全身，同时排出二氧化碳。

（3）循环系统。蝎子的循环系统为开管式，由心脏和血管组成。在蝎子的前腹部，可见到蝎子的背板下面有 1 条乳白色管子，并有规律地搏动，这就是蝎子的心脏。蝎子的心脏呈管状，共分 8 室，每室有 1 对心孔，前后各有大动脉分支。血液无色，在体腔内流动，由于心脏的不断跳动和前腹部的胀缩，血液循环不止。血液在输送氧气的同时，把各种养料输送到体内各器官组织，新陈代谢产物由马氏管（排泄器官）排出体外。血液还传送各种酶，对蝎子的机体起调节作用。

（4）排泄系统。蝎子的排泄系统由 2 对马氏管组成。马氏管细长，壁薄质脆，开口于中肠和后肠的连接处。其游离端部闭合，浸浴在血液中，可从血液中吸收各种代谢产物，然后送入后肠，混入粪便，经肛门排出体外。

（5）神经系统。主要由脑神经节、咽下神经节和腹神经索组成。脑神经节又称咽上神经节，不发达，呈双叶形，位于食道的背面，分支到触肢和步足。咽下神经节由 1 对粗而短的围咽神经与脑神经节相连。腹神经索呈索状，是由咽下神经节向后伸出的纵神经，具有 7 个腹神经节。交感神经中心和脑紧密相连，包括 1 个咽前神经和到达肠部的 2 对后神经。从中枢神经还分支出许多分支神经，分别到达眼、栉状器、附肢和生殖厣等处，纵贯全身，支配蝎子的运动、捕食、交配、产仔、蜕皮、排泄等活动。内脏神经则支配内脏的各种功能。

（6）感觉器官。包括眼、触毛、栉齿突。蝎子有 1 对中眼和 3 对侧眼，但视觉迟钝、畏光，基本上没有搜寻、跟踪、追捕及远距离发现目标的能力，但能在黑夜中行走和捕食。蝎子全身表面遍布触毛，以附肢表面最多。腹部各体节相接处的凹陷裂缝上都盖有一层薄膜，其表皮下有感觉细胞和毛状突起，这些都是灵敏的感觉器。因此，蝎子对噪声、振动都有感觉。蝎子的栉状器有丰富的末梢神经，有触觉、识别异性和维持身体平衡的功能。

（7）生殖系统。生殖系统的四周皆被消化系统的盲囊所包围。生殖器官的开口（生殖孔）位于前腹部第 1 节的腹面，外有生殖厣覆盖。

雄蝎生殖系统位于前肠中部和肠腺之间，有精巢 1 对，呈梯形管状。精巢各连一细长的输精管，管的末端通入膨大的贮精囊，再通入生殖腔。贮精囊能分泌黏液，黏液把精液包起来，形成一个略呈棒状、长约 1 厘米的精荚（图 7）。

　　雌蝎生殖系统位于前肠腺体之间，为 1 对梯形网状卵巢，每个卵巢都有一根很短的输卵管。输卵管连接小的纳精囊，开口于生殖腔（图 8）。

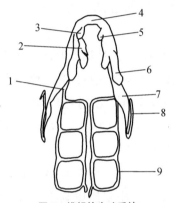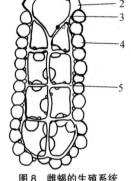

图 7　雄蝎的生殖系统　　　图 8　雌蝎的生殖系统

1. 输精管　2. 贮精囊　3. 附属腺　　1. 生殖腔　2. 纳精囊　3. 输

4. 生殖腔　5. 附属腺　6. 圆柱腺　　卵管　4. 卵　5. 卵巢

7. 精荚腺　8. 鞭状体　9. 精巢

　　（8）内分泌腺。由无管腺体组成，其分泌物（激素）直接进入血液。分泌物对蝎子的代谢、生长发育和生殖等重要生理功能起调节或抑制作用。

（二）蝎子的生活史

　　蝎子的捕食能力较弱，具有耐饥耐渴能力，因而蝎子的生命力非常顽强，对环境的适应能力也很强，在一定条件下，蝎子缺食半年仍不致饿死。

常温下，蝎子从仔蝎到成蝎需要 3 年左右的时间，蝎子的繁殖期 4~5 年，每年产 1 胎，寿命 7~8 年。

蝎子的卵细胞在卵巢内发育期约 1 年。蝎子交配受精后，受精卵在母体内约经 40 天完成胚胎发育，产出仔蝎。产仔时间一般在 7~8 月。

仔蝎刚产出后，爬伏于雌蝎背上。仔蝎不取食，靠其腹内残存的卵黄为营养。仔蝎体长 1 厘米左右，乳白色，体肥胖，附肢短，活动能力弱，一般头朝外尾朝内呈丘状群集在雌蝎背上。仔蝎刚产出为 1 龄，以后每蜕一次皮增加 1 龄，蝎子一生共蜕皮 6 次，7 龄即为成蝎。

适宜条件下，仔蝎出生后第 5 天，便在雌蝎背上完成第 1 次蜕皮，进入 2 龄。蜕皮时，小蝎用尾刺钩住雌蝎背部间隙或其他小蝎蜕下的皮，并不断地扭动身躯。蜕皮后有的小蝎会跌落在雌蝎周围，但很快又会爬到雌蝎背部。2 龄幼蝎体色加重，变为淡褐色，体重增加，体形也变得细长。

再过 5~7 天，幼蝎便离开雌蝎背部独立生活。这时，幼蝎的活动能力增强，尾针可以蜇刺，并能排出少量毒液，有捕食小虫的能力，夜间便四处活动，捕获食物。

幼蝎在 9 月可蜕第 2 次皮，成为 3 龄蝎子，体长可达 2 厘米以上，体重也有所增加。3 龄幼蝎在 40 天左右吃肥，贮积足够的营养准备越冬。10 月下旬进入冬眠，翌年清明前后出蛰，5 月以后随气温升高，幼蝎进食又达到一个高

峰。6月蜕第3次皮成4龄蝎子，8月底蜕第4次皮成5龄
蝎子，10月底进入冬眠。第3年6月和8月各蜕1次皮，成
为成蝎。一般到第3年末即达到性成熟，第4年夏天开始
繁殖。

蝎子每次蜕皮后由于不断进食，体重逐渐增加，体长也
呈跳跃式增长，见表1。

表1　蝎子的不同龄期体长、体重对照表

龄期	体长（厘米）	体重（毫克）	蜕皮时间
1	1	15.2	出生后第5天
2	1.5	24.0	当年9月下旬
3	2.0	81.2	第2年6月下旬
4	2.7	231.5	第2年8月下旬
5	3.4	497.1	第3年6月上旬
6	4.1	923.5	第3年8月下旬
7	4.8	1 240.0	

创造恒温（25~39℃）条件，可以部分地改变蝎子的生
活习性，全年均可生长发育，各次蜕皮间隔时间明显缩短，
从仔蝎到成蝎只需250天左右，见表2。交配过的雌蝎，3~
4个月即可繁殖1次，全年可繁殖2~3次。

表2　恒温下各龄蝎子的生长时间

龄期	1	2	3	4	5	6
生长时间（天）	5	45	51	52	50	57

（三）蝎子的生活习性

人工养蝎必须创造适宜蝎子生存和生长发育的良好生态环境，因而应该对蝎子的生活习性有深入的了解和全面的认识。

1. 栖息环境

蝎子喜欢生活在阴暗、潮湿的地方，常潜伏在碎石、土穴、缝隙之间。它喜欢安静、清洁、温暖的环境，对声音有负趋性，轻微的声响就能使蝎子惊慌逃窜。噪声会使蝎子烦躁不安，发情、怀孕、产仔的蝎子特别喜欢安静场所。蝎子喜清洁，遇到农药、化肥、生石灰等释放出的刺激性异味，会远远避开。

2. 活动规律

蝎子在常温下有冬眠习性，在立冬前后入蛰，翌年清明前后出蛰，全年蛰伏期在6个月左右。蝎子休眠时，大多成堆潜伏于窝穴内，缩拢附肢，尾部上卷，不吃不动。

生长期蝎子昼伏夜出，白天躲在石下或缝隙中，极少出来活动，一般在黄昏出来活动，凌晨2~3时返回窝穴内栖息。

蝎子行走时，尾平展，仅尾节向上卷起；静止时，整个尾部卷起，尾节折叠于前腹部的背面或卷起平放于身体的一侧，毒针尖端指向前方。受刺激后，尾刺迅速向后弹，呈刺物状态，毒针碰到实物便排出毒液。

3. 捕食习性

蝎子为肉食性动物，主要捕食蜘蛛、小蜈蚣和蚊类、蝇类等多种昆虫，见表3。

表3 蝎子对各种饲料虫的喜食程度

喜食程度	饲料虫名称
喜爱吃	黄粉虫、地鳖、舍蝇、蜘蛛、小蜈蚣、油葫芦
较喜爱吃	黑粉虫、甲虫、蝗虫、蛾类、蚊类、蝶类、蟑螂、蚰蜓、蝇蛆

由表3可以看出，蝎子喜爱吃的饲料虫有以下特点：鲜活、体软多汁、大小适中，含丰富蛋白质和脂肪，无特殊气味。

蝎子捕食能力较低，对饲料虫的感知凭感觉器官的功能，主要乘各种饲料虫在身边活动时用钳捕捉。对个体较大的饲料虫，蝎子先用毒针对其刺蜇麻醉。由于蝎子无口器，消化方式为体外消化，先从体内分泌消化液，将捕得的饲料虫消化为汁液，然后再吸食。

蝎子的食量很大，饥饿的蝎子一次可吃掉与自身体重相等的饲料虫。蝎子每隔3~5天进食一次，有时也食入少量的风化土。

蝎子的进食具有周期性规律，这是由蝎体内营养消耗过程所决定的。蝎子在大量进食时，所获得的营养较多，其中一部分供应其正常的生理活动，剩余营养则以糖元或脂肪的形式贮存起来。由于营养过剩，随之进入弱食期，出现食欲降低、食量减少的现象。几天后，正常的代谢消耗使旺食期贮存的营养物质基本耗尽，再次进入旺食期。如此周而复始，旺食期与弱食期交替出现。成蝎的周期性进食规律表现较为突出。

4. 对水分的需求

蝎子的生长发育离不开水分，水分缺乏，将影响机体活动的顺利进行。

蝎体内的水分在不停地消耗着。其消耗方式有3个：一是体表散发水分；二是通过粪便排出部分水分；三是通过书肺的气体交换散失水分。因此，蝎子必须不断地从外界获取相应的水分，保持体液平衡，维持身体需求。蝎子对水分的获取主要有3个途径：第一，通过进食获取大量的水分，如黄粉虫体内含水量达60%左右；第二，利用体表、书肺孔从潮湿大气和湿润土壤中吸收水分；第三，蝎子体内物质在代谢过程中生成水。其中前两个途径是蝎体水分的主要来源，因而当环境湿度正常、食物供应充足时，蝎子不需要饮水。

蝎子在不同生长发育阶段所需的水分不同。例如，生长发育阶段，机体因大量消耗水分，对水分的需求量大些；蜕皮期间，由于蜕皮生理的需求，蝎体对水分的需求量更大。

5. 对温度的适应性

蝎子属变温动物，它的生长发育和生命活动与温度密切相关。

蝎子在-2~42℃都能够生存。但是，在-2~0℃、40~42℃时，蝎子仅能存活5小时左右。

蝎子冬眠的温度为0~10℃，最适宜的冬眠温度为2~7℃。当温度长期高于7℃时，蝎子冬眠不踏实，躁动不安，体内新陈代谢加快，体内贮存的营养消耗过快，易出现早衰而不能安全越冬的现象。

蝎子在10℃以上开始活动。在12~24℃时，蝎子活动时间短、范围小，机体生长处于缓慢状态。温度达到25~39℃时，蝎子的交配、产仔才能进行，生长发育处于良好状态。

蝎子处于42℃以上的高温下，活动很快失常，继之昏迷，半小时左右脱水死亡。

6. 对湿度的适应性

蝎子对湿度也有一定的要求，环境湿度很大程度上影响蝎子的生活。

这里所说的湿度有两方面的含义：

（1）土壤湿度。土壤湿度指蝎窝构成材料的含水率。蝎子绝大部分时间居于蝎窝内，土壤湿度的高低对蝎子生命活动影响很大，具体见表4。

表4　蝎窝内土壤湿度对蝎子的影响

土壤湿度（%）	土壤的物理性状	对蝎子的影响
1~3	较干燥	生长发育停止
4~9	较潮湿	生长发育缓慢
10~20	潮湿，手捏成团，掉地即散	生长发育良好
21以上	搅拌即成稀泥	死亡

（2）大气湿度。大气湿度又称空气相对湿度，指周围环境的大气湿润度。大气湿度偏低或偏高，都会影响蝎子对水分的获取。

一般说来，蝎子的活动场所要偏湿一些。活动场所过于干燥时，若饲料虫供应不足，则会影响蝎子正常的生长发育，甚至激化种内竞争，引起相互残杀；蝎子栖息的窝穴则要稍干燥些。窝穴若过于潮湿，会滋生有害微生物，诱发疾病，影响蝎子的正常生活。

7. 种内竞争

种内竞争是自然界优胜劣汰这一普遍规律的反应，对维持生态平衡，物种延续和进化都很有利。蝎子的种内竞争，主要表现为蝎子与蝎子之间相互攻击，大攻击小，强攻击弱，未蜕皮的攻击正在蜕皮的或攻击刚蜕过皮尚未恢复活动能力的。

蝎子的种内竞争有其诱因，表现在以下几个方面：

（1）严重缺食、缺水。

（2）相互干扰严重。

（3）温度、湿度等环境因素恶化。

（4）争夺空间。

（5）争夺配偶。

8. 其他

蝎子除上述习性外，还有以下特征：

（1）胆小。蝎子怕惊扰，尤其是发情蝎、孕蝎和产仔的母蝎。

（2）畏光。蝎子对强光呈负趋性，怕日光暴晒。

（3）怕风。

（4）不涉水。

（5）怕农药。少量乐果、敌敌畏就能使蝎子致死。

三、蝎场规划

合理规划蝎场是科学养蝎的主要内容之一。

（一）场址选择

蝎场的位置应首先考虑有利于防疫和防污染。因此，场址应远离疫区和污染区。由于果园要经常喷洒药液，所以附近有大片果园的地段不宜建造蝎场。另外，所选场地应背风向阳，无噪声干扰。

为了便于建造温室，要求所选场地应地势平坦，排水便利，四周无高大建筑物和树木，光照充分，通风条件良好，且有清洁而充足的水源（自来水或深井水均可）。

养蝎事业具有长效性，因而场地应具备稳定性。

（二）蝎场布局

蝎场应分为生产区和生活区两部分。

生产区由育种室、繁殖室、育肥室、幼蝎室、供种室、饲料室和温室组成。若在无冬眠养蝎的同时采用常温养蝎，可在室外划分若干小区，这些小区由若干饲养池组成。

生活区由业务室、宿舍、食堂、仓库、厕所等组成（图9）。

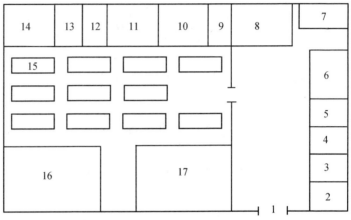

图9　蝎场布局

1. 大门　2、3、4. 宿舍　5. 食堂　6. 仓库　7. 厕所　8. 业务室　9. 育种室　10. 繁殖室　11. 供种室　12. 育肥室　13. 幼蝎室　14. 饲料室　15. 蝎池　16、17. 温室

（三）　蝎房的类型与建造要求

养蝎者可根据事先规划的养蝎场规模和生产组织形式，建造适于自己利用的蝎房。

1. 普通蝎房

普通蝎房适用于采用常温养蝎的一般养蝎户。蝎房可专门建造，也可用普通的民房改建而成，有屋脊的房内要设置顶棚。新建的蝎房不必过高，平面屋顶或顶棚距地面高 2.5

米即可。

用于房养蝎的蝎房，地面以下的墙基要用砖砌实、砌严，地面以上的墙壁用砖或土坯砌成双层空心墙，外壁砌严实，内壁多留些缝隙作为蝎窝，或在相邻的上下两块横着砌的土坯的两端和中间加上耐压的坚固垫片，以留出 2.5~3 厘米高的缝隙。墙的外壁要泥严抹平，不留缝隙；墙的内壁距棚顶 20 厘米以下不抹泥，留下的缝隙作为蝎窝。

墙内蝎窝有利于幼蝎蜕皮，提高成活率。房内的空地上可砌几道遍布空隙的蝎窝墙。蝎窝墙高度一般不超过 0.5 米，这样便于投喂饲料虫；因蝎子习惯沿水平方向移动，落差太大时不利于蝎子采食。若蝎窝墙的高度超过 0.5 米，则每向上 0.4~0.5 米就需沿墙设置一圈投喂饲料虫的平台。

蝎房的地面要坚实而略显粗糙，不可高低不平、松软或过于光滑。一般可先用三合土填平、夯实，再铺设一层砖或水泥砂浆。这种地面既便于种蝎交配时进行"共舞"活动和固定精荚，又可防老鼠和蚂蚁打洞，还便于洒水增湿和保湿。

蝎房内的人行通道要高出地平面 20 厘米，侧面贴玻璃条或表面平滑的透明胶带，使上平面与蝎子的活动区完全隔离。

蝎房的门设置成向内开，在门口内侧修一堵高 20 厘米的弧形或Π形矮墙，矮墙至门口的距离以门能打开为度，在其朝向室内的一面贴上玻璃条，使之在门口处形成一个防护区，以免人出入时踩死蝎子。

蝎房除门以外，每3.5米宽的墙面上各开设一个1米×1.2米的玻璃窗，白天拉上窗帘；墙脚处留12厘米×6厘米的蝎洞，供蝎子在夜间出入蝎房，但在白天和冬季要用砖堵上。房内的四壁顶部、门窗四周朝向室内一侧的墙壁以及门口处的地面各泥平20厘米左右并粘贴上15~20厘米宽的玻璃条，防止蝎子爬上屋顶和从门窗逃出。

蝎房墙外修一条宽深各约1米的水沟，沟的内侧为直抵墙脚附近的斜坡，外侧的沟壁直立并沿沟砌一圈半米高的围墙，沟底和沟壁用水泥抹平，经常保持半沟水，既可供蝎饮水，又可防止蝎子逃逸和外边的蚂蚁进入养蝎区。蝎房外面的四周墙脚也要贴上玻璃条，防止出来活动的蝎子爬到墙上去。

若把室外的附属构造去掉再加设相应的加温、保温设施，就可改造成适于房养的恒温蝎房。

2. 养蝎温室

养蝎温室是实行无冬眠养蝎的最重要物质条件，目前常见的有普通温室和日光温室两种类型，它们的主要区别在于蝎房的建筑类型和加温方式不同，但二者的结构都要能合理地利用阳光。科学地利用阳光也是降低温室养蝎成本的一条重要措施。

（1）加温方式。在一般情况下，太阳热能的利用可作为最基本的加温方式。在日照充足的季节里，普通温室借助阳光的照射，基本上可以使室内温度符合蝎子的生长发育和繁殖的要求。日光温室可以在更长的时段内不用其他辅助性加温手段就可取得理想的效果。辅助性加温是在夜间靠积累的阳光余热不足以维持必需的温度时，通过启用加温设备，把蝎房内的温度提高到规定值。在长江以北地区，通常从5月上旬至10月上旬无需进行辅助性加温。

在低温季节里，蝎房加温设备要有能把室温升至35℃以上的工作能力。养蝎规模大者可安装锅炉，用暖气加温；当室外温度为−10℃时，锅炉的功率只要达到24小时燃烧无烟煤0.4~0.5千克/米³空间，蝎房内温度就可维持在35℃左右。在电力供应充裕的地方，只要经济条件许可，可以采用全自动电热恒温加热器加温；空间不太大的养蝎场所也可用电炉丝、绝缘管配以10~50℃控温仪自行组装绝缘性能可靠的自动加热装置。有地热条件的地方就用地热供暖。

养蝎规模较小者，可采用土暖气、沼气、煤炉、锯末火池等加温。直接采用燃料燃烧产生的热气体加温时，要确保室内无废气泄漏并保持有良好、安全的换气措施，以免发生人和蝎子缺氧或一氧化碳中毒。

在热能靠管道、火墙等传送的情况下，可在地下供暖管道旁侧或火墙内的较低位置修建一条与室外相通并与前者伴行、有足够长度的进风道，使进入蝎房内的新鲜空气得以预热，这样有利于使室内的温度均衡升高，同时改善空气质量。

（2）普通温室。养蝎温室要有良好的封闭性。普通的养蝎温室最好砌成空心墙，墙体内填充珍珠岩、云母矿渣、蛭石或锯末类绝热材料；室内墙面要抹平，墙脚不留蝎洞。温室的顶部应设置适当数量可人工控制的天窗，在必要时开启，进行微风换气。

室内四周在距墙壁5厘米远处先用保温性能好的2厘米厚的泡沫塑料板拼接封严，形成一个封闭的隔热层，塑料板的表面再用防雾无滴塑料薄膜覆盖；顶棚可用与修建隔热墙相同的材料制作，或用黑色的无滴塑料薄膜架设在距屋顶30~50厘米处。窗子宜安装双层玻璃，窗外挂湿帘。这样，可充分发挥它们调节室内温度、湿度、光线和空气质量的功能，不仅便于平时进行环境控制，也可在严寒的冬天通过加温把室内温度控制在35℃左右，实现四季恒温。

不同生理状态的蝎子若在同一蝎房内饲养，要隔离成密封状态良好的不同房间，以便施行不同的温度管理。

（3）日光温室。养蝎日光温室的主体是利用太阳热能的塑料大棚，具体的建筑结构见本书八（二）。日光温室在建造和维护时要注意以下几点：

1）建造日光温室要选择地势高燥、开阔、日照充裕的地方，温室的构造要合理，既能提高室内温度，又有必要的遮光性。在日光温室内距棚顶30厘米处设置黑色的塑料薄膜顶棚，既可遮光，又可在外界气温低的情况下提高温室的保温性能。此外，在炎热的夏季，为了避免室内温度过高，有必要在温室上方距屋顶一定高度、不影响温室外部管理处，架设稀疏的黑色遮阳网，以减弱日光照射强度并在室外拦截一部分热量。

2）搭建日光温室宜采用耐老化的聚乙烯防雾无滴薄膜。塑料大棚不宜使用普通的塑料薄膜，因为在密闭的条件下，普通塑料薄膜的膜面会有雾膜或水滴形成，从而降低透光性和室内温度，从塑料薄膜上滴下的水也会改变地面或蝎窝土的含水量甚至直接对蝎子产生刺激而造成不利的影响。

优质的防雾无滴塑料薄膜不会在表面凝结雾水，而且适温性能强，耐高温日晒，弹性好，使用寿命较长，可有效地阻挡地热辐射而减少温室内热量向外流失，能有效地提高温室内的夜间保温性能，比使用普通塑料薄膜可提高地温 2～4℃。此外，与普通塑料薄膜相比，它还能提高日光中紫外线的透光率 1%～5%，有利于杀灭更多的室内病原微生物。

3）发现塑料薄膜表面附有阻光性异物如积尘和水，要及时擦拭、清除，保持膜面光洁。

4）除了炎夏之外，在其他季节的晴朗白天，要及时揭开日光温室上的覆盖物，以获得更多的日光热能。

四、种　蝎

搞好蝎子的繁殖工作是提高人工养蝎经济效益的关键，培养优良种蝎是搞好繁殖工作的基础。种蝎不仅决定雌蝎的产仔率、仔蝎的成活率，对幼蝎的成长也有很大的影响。

（一）种蝎的来源

有的养殖户从野外捕捉或购回野生蝎子做种蝎进行繁殖。对于养殖户尤其是初养者来说，这种做法是不可取的，原因有三：第一，野生蝎子与人工养殖的蝎子生活习性有所不同。人工创造的生态环境在温度、湿度、密度、饲料虫结构、栖息环境等方面与野生环境有较大区别。野生蝎子由野外自然环境进入人工创造的小生态环境难以适应，其正常的生理活动必然受到影响。第二，野生蝎子性情凶悍，人工高密度混养会激化其种内竞争，造成大吃小、强吃弱的相互残杀现象。第三，由于野外环境比较恶劣，野生蝎子在受孕后营养往往供应不上，仔蝎在母体内不能很好发育，捕捉的野生孕蝎所产的仔蝎，多数体质较弱，成活率偏低，有的孕蝎还会产出一部分死胎。

养殖户最好从人工养蝎单位引进种蝎或自己选育。

1. 引种

引进种蝎时，要对所引种蝎有详细的了解，如种蝎的品种、蝎龄、雌蝎是否有孕等情况。可根据需要择优选购青年蝎、成雌蝎或孕蝎（怀孕前期）。要挑选个大，体长在4.8厘米以上，肢体无残缺，并且健壮、行动敏捷、静止时后腹部蜷曲、前腹部肥大、皮肤有光泽的蝎子。

选种时，要注意雌雄比例的搭配。有的养殖户为了多获仔蝎而只选雌蝎不要雄蝎，这种做法是错误的。因为雌蝎受精后，虽然精子在纳精囊内可长期贮存，供终生繁殖用，但繁殖率逐年降低，且胎次高的仔蝎体质较弱，成活率偏低。为了提高雌蝎的产仔数量和所产仔蝎的质量，种蝎需要年年交配，因而引进种蝎时必须引进适当数量的雄蝎。根据蝎子的交配规律，雌、雄比例可按3∶1进行搭配。

引种时间除了蝎子怀孕后期和产期，其他时间均可进行。

运输时，要注意密度不可过大，否则易使蝎子相互挤压受伤，造成孕蝎流产或形成死胎。常用的运输方法是先把种蝎装入洁净、无破损的编织袋中，每袋重量在1.5千克左右，然后把编织袋平放在运输箱中。运输箱要具备良好的通风性能。运输过程中要避免剧烈的振动。夏季运输要注意预防高温，冬季要防寒。

投放种蝎时，每个池子最好一次投足。否则，由于蝎子的认群性，先放的与后放的种蝎之间会发生争斗，造成伤亡。若确实需要多次投放时，可先向池内喷洒少量白酒，以麻痹蝎子的嗅觉，待酒味扩散后，先放的与后放的种蝎便能相互接受。

种蝎进入新环境，需要一个适应的过程。刚投入池内的蝎子在2~3天会有一部分不进食，因此不可大量投喂饲料虫。要不断观察蝎子活动和进食情况，检查防逃设施是否安全。发现蝎池出现漏洞或防逃材料有脱裂现象，应及时采取补救措施。

运输时，如果有死亡或伤残的蝎子，要及时清理出来，及时加工成药用全蝎。

2. 育种

养殖户除了向人工养殖单位购买种蝎，也可自主进行选育。现以河南省洛宁县陈吴乡陆南养蝎场对种蝎的选育为例进行说明。

蝎子的生长速度与产仔率是两个负相关的性状：产仔数越多，个体越小，生长得越慢。蝎子的生长速度与产仔率这两个性状很难在同一品种内同时表现优良。所以，选育种蝎时，要单独培养父系和母系，父系侧重于生长速度快慢和个体大小，母系侧重于产仔率和成活率。河南省洛宁县陈吴乡陆南养蝎场以太行山蝎子做父系、伏牛山蝎子做母系，按四系配套杂交法进行选育（图10）。

分别在太行山蝎子、伏牛山蝎子这两个品系内部挑选优秀个体，按纯种繁育的方法培育出4个具有一定特点的纯系种群（父系、母系各一）。为了使遗传性状稳定，在每个种群内，都要进行多代的封闭交配（不能进行群间交配）。待

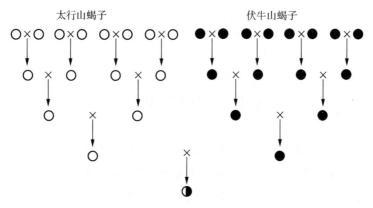

图10 蝎子的四系配套杂交

建立起具有优良性状的父系和母系种群后，在父系和母系之间再选择优秀个体进行杂交，并通过试验，确定最佳的杂交组合，此后就依这种杂交组合的方式进行大群繁殖。

通过四系配套杂交生产出来的仔蝎，具有强大的杂交优势，它们可将不同品系的优良性状集于一体。

（二）蝎子的提纯复壮

由于变异、退化等因素的影响，种蝎的优良性状在生产过程中，会随多代的繁衍而变得不稳定，故用不同品系杂交生产出来的繁殖群种蝎在繁殖两个世代后就不宜再用了，需对它们的父系、母系种群进行提纯复壮。

在4~5龄蝎群中，选择个大、有光泽、肢体健全、健康活泼且适应性强的个体，专池精心饲养。待这些蝎子交配、产仔后，将体壮、产期早、产仔率高的雌蝎挑出放入专池，然后往池中放入适当数量的优良成雄蝎进行交配繁殖。为了保留和发挥种蝎的优良性状，此项工作要经常进行。

（三）蝎子的繁殖特性

蝎子的繁殖行为是种蝎性功能发育的必然结果。

蝎子是卵胎生的动物，性功能发育与个体的生长大致上是同步进行的，在完成第 6 次蜕皮后，蝎子的性功能就基本发育成熟。在自然条件下，由于受季节的影响，性成熟的蝎子要到下一年的 5~6 月才能交配。

蝎子的性功能发育与生活环境和营养状况有密切的关系。野生蝎子在自然条件下完成性功能的发育需 25~26 个月，而温室养殖的蝎子通常在出生后只需经过 10~12 个月即可完全发育成熟。

在我国北方地区的自然条件下，东亚钳蝎通常在出生后第三年的 8~9 月完成第 6 次蜕皮变为成蝎。雌蝎在末次蜕皮后的翌年 5~6 月接受交配后，发育成熟的卵子在其体内受精形成早期胚胎即"受精卵"，但只有一部分受精卵经 40 天左右先行完成胚胎发育变成仔蝎，并在当年的 7 月中旬至 8 月初从雌蝎前腹部的生殖孔中产出体外，其余的受精卵则长期处于生理性滞育状态，在以后的岁月里分批获得发育。因此，雌蝎接受一次交配后，可连续产仔 3~5 胎或在自然条件下繁殖 3~5 年，但从第 2 胎起，所产的仔蝎中弱蝎所占的比例较大，这是由于胚胎的滞育期过长所致。有的经产雌蝎在产仔后的 8~9 月有再次接受交配的现象。

实行温室养殖的种蝎，雌蝎在一年内可产 2 次。

五、调控蝎子生长期的技术措施

在自然条件下，不管是野生蝎子还是常温养殖的蝎子，在长达半年左右的低温休眠期间不吃、不喝，也不蜕皮，生长发育处于停滞状态，故从出生到变为成蝎的个体发育历程，需跨越 3 个年头计 26 个月以上。如果人为地为蝎子创造适宜而稳定的生活条件，阻止其发生休眠而延长有效生活时间，同时从营养等方面满足它的生理需要，从管理上尽可能减轻干扰因素的影响，就可提高幼蝎的生长发育强度，加快生长发育进程，使之在 9 个月左右的时间内完成 6 次蜕皮而变为成蝎（表 5）。

表 5　各龄幼蝎的平均龄期

蝎龄	龄期（天）	
	野生蝎或常温养殖蝎	温室养殖蝎
1	5	5
2	55	50
3	283	51
4	71	52
5	294	50
6	71	57
合计	779	265

　　阻止蝎子休眠，还可改变种蝎在自然条件下一年繁殖一次的年节律性，使蝎子的繁殖不再受季节变化的制约，生产年度内的产仔胎次可增加到 2 次（6~9 月和 12 月至翌年 3 月各产一次）。缩短胎次间隔可节约时间，提高繁殖效率。

　　蝎子在出生后是以连续发育、跳跃式生长的方式变为成蝎的，每蜕一次皮就长大一点，在第 6 次蜕皮后，生长和发育的生理变化最终同步完成而变为成蝎。蝎子的体格随着蜕皮而发生变化，是由于它的大小受到体表被覆的坚硬而在形成后不会生长的几丁质外骨骼的制约，只在把这层外骨骼脱掉即蜕皮后才会变大一些。蝎子一步入成年，就不再蜕皮，体格大小固定不变，永远不会再长大，此后唯一可能发生的变化就只有肥与瘦的体形差异。

　　在人工养殖的情况下，成蝎除了留作种用以外，其余的都应作为商品蝎及时组织采收。推迟采收商品蝎是令产品自动贬值的不当之举。采用无休眠养蝎技术，便于实行蝎子的分龄管理，蝎子在何时成熟可以掌握得非常准确，很容易做到有计划地及时采收。

　　无休眠养蝎技术是一个系统工程，需从多方面创造条件，满足蝎子高节奏、高强度生理活动的需要，以阻止其进入休眠状态，克服养蝎生产的季节性，使之得以不间断地连续进行，缩短生产周期，加快生产设施周转，提高蝎子的产量和养蝎经济效益。

（一） 缩短生长期可大幅度提高蝎子的产量

养蝎生产与其他物质生产活动的追求目标，在本质上完全一致，都是力求取得最大的产量和最高的经济效益。诚然，产量越大，收入就越多，若从企业的经济核算角度来看，产量与效益之间的关系并非如此简单，因为产量是有成本的，成本高时，单位产量的实际收益即效益就相对较低。然而，不能据此认为，投入高者效益就一定低。如果高投入带来的是高产出，只要产出与成本进行比较时所得的比例大，那么，成本就会降低，效益就必定高，这是由于高的生产效率必然会提高产量效益。把现代化工业生产与传统的手工生产比较一下，就很容易理解产量、效益之间的这些关系以及生产效率的重要性，成批生产的工业产品的生产成本不仅低于同种手工产品，而且同期的产量也远高于后者。

养蝎生产的根本目的是获取蝎产品，追求的目标是获取尽可能多的蝎产品。通过扩大规模或提高产量效益都可以达到高产的目的，但二者之间有着很大的区别。简单地扩大生产规模，是通过"广种薄收"提高产量的，生产效率仍处于原来的水平，而提高产量效益的增产手段是提高生产效率。无休眠养蝎技术从改变蝎子的生活条件入手，为提高养蝎生产的产量效益提供了一个有效的手段。在此基础上，结合采取其他必要的综合性技术措施，就可更好地促进蝎子的生长发育，大幅度缩短蝎子的生长期和蝎子的世代间隔，提高养蝎的产量效益。

（二）影响蝎子生长发育的因素

1. 遗传因素

利用科学方法杂交生产的杂种一代蝎子具有杂种优势，生长发育性能优于经过一般培育的蝎子；野生蝎生活在特定的狭小地域范围内，多为近交繁殖的后代，生长发育性能较差，但对原产地的自然环境的适应性可能会比人工饲养的蝎子稍强一些。

2. 营养因素

各种营养成分和水是蝎子生长发育的物质基础。如果喂给蝎子的食物量不足、品种单一、鲜活性差、适口性差或供水不合理，都会导致蝎子营养不良或发生疾病，影响其生长发育。

3. 生态环境因素

蝎子的生态环境包括生活场所的气温、空气相对湿度和蝎窝土的湿度、光照、空气质量（气味、流动性）、噪声、蝎群组成、蝎子与其他生物的关系、卫生状况等。人工养殖的蝎子只能被动地在人工环境中生活，环境条件直接影响其生长发育的状态甚至关乎其生命。

（1）温度。在蝎子生活的环境中，物体表面的温度与包围它的空气的温度保持着动态的一致性，蝎子可以敏锐地感受到环境温度的变化并做出相应的反应。恒温养殖的蝎子，在低气温季节即使遇到短短几小时的脱温（脱离加温），也会产生相当严重的应激，甚至引起死亡。不同气温对蝎子生活的影响如下：

1）最适生活温度为 25~39℃。在此温度范围内，最适于各龄幼蝎正常地采食、生长、发育。

最适于种蝎繁殖的温度为 27~37℃，适于仔蝎和幼蝎蜕皮的温度为 27~38℃。

2）休眠温度为 -5~10℃。蝎子在此温度条件下处于休眠状态，不吃、不动，把机体内的代谢活动降到仅能保住生命的极低水平，以尽量减少体内贮存的营养物质的消耗，这是它对低温的一种适应方式。

蝎子的安全休眠温度为 1~6℃；在 -4~0℃约有 20% 的蝎子会被冻死。

在休眠期间，若气温升到 8℃并维持较长的时间，蝎子会因真菌类微生物和螨类寄生虫的滋生而受到侵害。

3）强致死低温。气温在 -9~-5℃时，蝎子的死亡率一般达 50% 左右；在 -10℃以下，死亡率可达 80% 以上。

4）出蛰温度。开春后，气温持续、稳定地回升到 10℃以上，蝎子从休眠状态完全复苏。

5）消耗性衰竭致死温度为 17~24℃。在此温度范围内，蝎子活动的时间短、范围小，消化能力很弱，腹内存留的食物难以消化而易引起腹胀病（大肚子病），以致失去捕食的欲望和能力，甚至连投喂的饲料虫也不吃。这样，就使处于活动状态的蝎子不得不消耗自身的营养物质。这种状况一旦持续的时间较长，就会导致蝎子死亡，甚至无一能够幸存，这正是野生蝎子和非温室养殖蝎子出蛰后容易发生"春亡"的主要原因之一，正所谓"气温诱蝎活动，营养难以补充，体内贮备耗尽，衰竭而致毙命"。

6）强致死高温。气温超过40℃，蝎子就会发生昏迷甚至脱水致死；气温达43℃，蝎子很快死亡。

（2）环境湿度。包括空气相对湿度和蝎窝土的湿度，二者对蝎子的生长发育和生命安全至为重要。蝎子喜潮而怕湿，爱在土壤湿度不大的干爽处栖息，觅食则常到湿度较大、昆虫活动频繁的地方去。另外，环境湿度的变化，既会改变蝎子体内的水平衡和生理生化活动，也会对环境中危害蝎子的寄生虫和微生物的活动产生有利或不利的影响。

1）空气相对湿度。过高或过低的空气湿度都会对蝎子产生有害的影响，而湿度不适引起的不良后果又与温度密切相关。在持续低温（0~24℃）、低湿（空气相对湿度低于40%、蝎窝土湿度低于5%）的情况下，蝎子的生长发育受到抑制，幼蝎蜕皮困难；低温（下限8℃）、高湿（空气相对湿度高于70%并持续7天以上、蝎窝土湿度高于17%）易使蝎子发生霉菌性疾病、螨病和腹胀，很易导致2龄和3龄蝎大量死亡；高温（40℃以上）、高湿会引起蝎子体内组织积水而表现为周身明亮、肢节膨大发白、体色加深、后腹部拖地运动，严重者致蝎子受蒸而死；高温、低湿可使蝎体内的水分大量蒸发而脱水，轻者引起昏迷、瘫痪，严重者很快死亡。1龄蝎在43℃的低湿环境中，经1~2小时就会被烘干。

2）蝎窝土湿度。蝎子可在湿度为5%～17%的土壤中生存，但不同生理状态的蝎子对最适宜的土壤湿度的要求有一定的差异。负仔期雌蝎和1龄蝎要求最适蝎窝土湿度为10%～17%，雌蝎卵子发育和孕蝎胚胎发育以10%～15%为宜，适于各龄幼蝎蜕皮的土壤湿度为8%～15%，冬眠期为5%～10%。蝎窝土湿度若高于20%，易诱发蝎子水肿病甚至导致死亡，低于5%则引起生长发育停滞、蜕皮困难、卵子发育受阻、胚胎死亡以及蝎体后腹部出现黄白干枯斑点等。

（3）光照。光照对蝎子的活动有重要的影响。蝎子只有离开栖居的蝎窝出来活动，才有机会捕食昆虫，为生长发育创造条件。

蝎子对弱光有正趋性，对强光具负趋性，野生蝎子昼伏夜出的习性正是其趋光性的体现。过去在豫西一带，暑天的夜晚有不少人打着灯笼捕捉蝎子，当地民间流传着"蝎子姓照，越照越闹"的谚语，就形象地说明了微弱的灯光可把蝎子引诱出来。

阳光对恒温养蝎有非常重要的利用价值，关键在于适度利用，才能促进蝎子的生长发育。对于蝎子来说，可以从被阳光照射而升高温度的环境中获取热能，以维持活动和新陈代谢。阳光中的紫外线还能杀灭环境中的某些有害微生物，从而防止或减少蝎子病害的发生。不过，蝎子并不喜欢直射的阳光，它们会本能地躲避强光。光照强度过大时，蝎子的活动会受到干扰，要么缩小活动范围，要么被迫停止活动。

（4）风。蝎子畏强风，野生蝎子只在无风的夜晚出来活动，人工养殖的蝎子同样有避风的习性。

（5）噪声。蝎子能感受一定波长的声波，对强大声源造成的空气的剧烈振动会产生强烈的反应。受到较强的声响刺激后，一般会引起蝎子惊恐不安而停止捕食，还会引发孕蝎流产或负仔期雌蝎弃仔、食仔。

（6）空气质量。蝎子对刺激性气味有强烈的回避性。任何有害气体对蝎子都有极大的威胁，有的即使浓度不太高也可能导致蝎子中毒死亡。

（7）生物干扰。包括天敌动物的侵袭、病原微生物和寄生虫的侵害、干扰性生物的侵扰和蝎群内的个体间冲突等。天敌动物直接威胁蝎子的生命安全，病原微生物（病菌、霉菌）和寄生虫损害蝎子的健康甚至危及生命；干扰性生物如蜘蛛、鼠妇虫等虽是弱势动物，但在某些特定的条件下却会干扰蝎子的正常生活，影响其生长发育；蝎群内的个体间冲突会影响正常采食和代谢，严重者发展为群内相残，造成蝎群不安和弱势蝎子死亡。

（8）卫生条件。蝎窝土和蝎房内空气质量的恶化有损于蝎子的健康甚至危及其生命。室内通风不良、微生物滋生会加剧环境卫生条件的恶化。引起蝎窝土和空气质量下降的主要因素有蝎子和饲料虫的粪便的发酵与分解、死亡的饲料虫和蝎子的尸体发生腐败，以及生物活动导致氧的浓度降低和二氧化碳及氨气等废气浓度的升高。

4. 管理质量的影响

饲养管理人员除了完成饲料虫投喂等日常的生产操作任务以外，还需每天对环境状况和蝎群的动态进行仔细观察，发现问题及时进行分析，找出发生的原因，并采取相应的措施加以解决；否则，蝎子的生长发育势必会因管理质量不佳而失去生活条件的保障。

（三）缩短蝎子生长期的技术措施

1. 选择优势蝎种

选择优良的蝎种、正确地利用种蝎，改良种质和优化蝎子的种群结构，确保产出的蝎子具有优良的生长发育性能，并在以后的代次中不断地得到改善。种蝎宜从经过人工长期驯化的蝎种和种群中选择，包括从自己的蝎群中选留优秀个体。

2. 为蝎子提供舒适的恒温生活环境

缩短蝎子生长期的关键在于使它们的生长发育不发生停顿。因此，为蝎子提供适宜的恒温环境就是最重要的前提条件。

（1）恒温养蝎的设施与设备。包括养蝎温室（塑料大棚、日光温室或普通温室）及其配套的设施，必需的养蝎设备、用品等。

（2）养蝎温室的环境控制。

1）温度和湿度控制。在恒温养蝎的条件下，温度和湿度的调节与控制非常重要，不仅要保证不出现低温现象，而且要能随时解除高温高湿或高温低湿对蝎子的威胁。

恒温养蝎室内的温度必须保持在25℃以上，但不同生理状态的蝎子对温度的具体要求不尽相同。产仔和负仔期雌蝎及1龄蝎的适宜温度为32~38℃，2龄和3龄蝎子不宜低于27℃，4~6龄蝎子不低于25℃，非繁殖期种蝎和待售的活商品蝎25~32℃即可。

蝎房内的的温度应在利用太阳热能的前提下根据实际情况进行调节。在加温饲养的过程中，一定要保持温度稳定在合理的范围内，尤其在冬天，一旦中断加温造成温度急剧下降，即使断温时间仅有几小时也很容易引起蝎子死亡。

温度过高时，及时启用水帘、打开门窗通风以及使用排风扇等，阻止室外的热量进入室内或将室内的热量向外排出。降温时，要密切监测空气湿度的变化，不要引起长时间的低湿；通风时，应避免产生剧烈的气流和过大的噪声。如果采用向地面洒水的方法进行降温，务必要及时消除随后发生的高温高湿现象。

调节蝎房内环境湿度的主要办法是补水和通风。

众所周知，蝎子可适应的空气相对湿度为40%~85%，但应当指出，不能据此认为蝎子在这样宽泛的湿度范围内就一定能处于最理想的安全状态。事实上，不同生理状态的蝎子对环境湿度的要求有一定的差异。一般而论，除了产仔和负仔期的蝎子以及各龄幼蝎在蜕皮时需要较高的湿度（70%以上）以外，在其余情况下，空气湿度以50%~65%较为适

宜。蝎子若长期（持续 7 天以上）处于空气湿度高于 70%
的环境中，就会遭受高湿度的危害，而连续 7 天以上处于
45%以下的环境中则会受到干燥的严重影响。

2）风、空气质量和噪声的控制。养蝎温室内要保持空
气新鲜、安静，不允许强风刮进蝎房内或在室内产生人为的
空气强烈流动。进行生产操作时，动作要轻缓，不要大声喧
哗、打手机、播放音乐或制造出较大的声响。

养蝎室内不可存放能释放出挥发性气体的化肥、农药、
油漆、汽油、煤油以及碘酊、强酸、强碱、生石灰等，也不
可在室内直接生火或烧各种炉子（除非能把烟尘可靠地排
至室外），点燃蚊香及使用灭害灵、空气清新剂等。

3）光照控制。养蝎只宜利用散射的自然光或有控制地
利用阳光，蝎房内的光线只要能看清蝎子的活动状态就行。
自然光线太强时，要采取遮阳措施；人工光照可通过减少灯
光配置、使用小功率光源来降低照明强度。

3. 采用适宜的养蝎方法

温室养蝎的方法与室内常温养蝎相同，大多采用传统的
池养法、架养法等，这些养蝎法至今依然可用。

近年来，有人在总结养蝎经验的基础上，开发出了纸质
蛋托养蝎的新形式。

利用纸质蛋托养蝎，不用铺设蝎窝土，保温性能好；直
接向蛋托垛上置放的水盘内注水以调节环境湿度，操作简
便，且易于形成有一定湿度差异的蝎栖息区和采食区。目前
在河南、湖北、山东等地都有人采用纸质蛋托养蝎技术。实

践证明，在饲养管理技术水平与传统的养蝎方式相同的情况下，利用纸质蛋托饲养幼蝎，有利于蜕皮，可显著提高成活率。

然而，纸质蛋托在高温高湿条件下易发霉，霉菌具有极强的分解蝎体表几丁质硬壳的能力，对蝎子具有很大的危害性。在适宜的温度条件下，空气相对湿度在75%以上时，霉菌开始生长并形成繁殖器官而滋生繁殖。霉菌主要依靠产生形形色色的无性或有性孢子进行繁殖，适于大多数种类霉菌生长、繁殖的温度为20~30℃，有些种类霉菌能适应的温度下限低于0℃，也有上限高达36℃者。有人在利用纸质蛋托养蝎的实践中发现，在温度保持32~36℃、空气相对湿度70%条件下，受潮的纸质蛋托经10天左右发霉，由此提出把空气相对湿度降至70%以下或者白天把湿度控制在70%以下，晚上在蝎子出来活动前往地面喷水把湿度升至70%，使活动场所偏湿而蝎窝内保持潮而不湿，每周再用3%的盐水（高渗氯化钠溶液）喷洒蝎窝一次，就能使霉菌处于难以继续生长、繁殖的状态，发霉现象即可得以阻止。同时，高渗盐水对真菌、细菌、螨虫及其卵也有杀灭作用。不过，反复用高渗盐水喷洒，会引起盐分在纸质蛋托上积累，这样就无异于让蝎子生活在盐碱土中，势必会抑制蝎子的体表从环境中吸水的能力甚至引起蝎体失水。

在用纸质蛋托养蝎的情况下，采用昼干夜湿或蝎窝内干、活动场地湿的控湿方法来抑制霉菌滋生，操作的难点在于如何才能精确地把握湿度。读者有必要在借鉴他人经验的基础上，进行更深入的试验、研究，找出适于自己特定条件的抑霉、灭霉方法。

4. 合理分群

为了防止饲养密度过大时蝎子的个体间发生相互干扰甚至群内相残而影响生长发育和繁殖，必须实行合理的分群管理。蝎子的分群有以下两个原则：

（1）依蝎子的来源和品种分群。把野生蝎与人工驯养过的蝎子以及同种但不同种群的蝎子分开饲养。

（2）依蝎子的生理状态分群。对于同种群的蝎子，要把幼蝎与成蝎分开，包括离开母背后的 2 龄蝎及时与雌蝎分离；幼蝎按蝎龄分组群养；非繁殖期雌蝎可按雄雌比例 1:2~1:1 群养；孕蝎、负仔期雌蝎（含其背负的仔蝎）应与其他具有独立生活能力的蝎子隔离饲养，最好是单只饲养；在群养群配的雌蝎中，要及时地把体形特征明显的孕蝎挑出来。

5. 饲养密度要适宜

蝎子的成活率与饲养密度呈负相关关系，即密度越低，成活率越高，但密度低至一定幅度时，蝎子的产量也会因饲养量小而随之下降。因此，在正常管理的情况下，密度过高或过低都不好。在本部分中关于饲养密度的建议仅供参考，在实践中宁可适当降低，也不宜任意增大，但最适密度还需在实践中进行观察、探索，找出与自己条件相适应的合理饲养密度。

所谓最适饲养密度，就是要保证蝎子的成活率高、产品量大、生产成本低的单位饲养面积里蝎子的收容只数。试想，在单位面积里养蝎的只数极少时，成活率肯定高，但产品量小、成本高（场地、人工浪费大）；收容只数过多时，产品总量可能会大一些，但成活率会降低，这样，生产成本必然高，因为中途死亡的蝎子已占用的资源也是生产成本的构成元素。

6. 饲料供应要做到科学、合理

为保证幼蝎正常地生长发育和种蝎维持良好的繁殖功能，必须给它们提供合理、充足的营养。为此，应根据不同生理状态蝎子的采食特点，定时、定点、定量地投喂适宜的饲料虫，而且饲料虫的种类要多样化，不同种类的饲料虫实行间断性交替搭配投放。蝎子在夜间吃剩的饲料虫要及时地撤走，以培养和巩固蝎子有规律地进行采食的行为，并有利于杜绝饲料虫的浪费和保持环境卫生。

7. 做好蝎子的饮水供应

尽管蝎子对水的需求量不大，但它的生理活动离不开水，而且温室养蝎的环境温度较高、蝎子的活动量较大，水的消耗量必然相应增多，因而有必要不间断地给蝎子提供充足的饮水，以防止缺水对蝎子造成危害。

8. 杜绝生物干扰

在温室养蝎的条件下，蝎子的饲养密度较高，一旦发生天敌侵袭、群内相残等生物干扰现象，就会造成非常严重的后果。因此，要通过加强日常管理，对蝎子的生物干扰现象既要做到有效预防，还要有可靠的应急措施，确保在发生后能及时地予以有效控制和消除，以保证幼蝎的正常生长发育和种蝎的繁殖不受生物干扰的影响。蝎子的生物干扰的具体防控措施详见本书十（二）。

（四）不同生理状态下蝎子的饲养管理要点

1. 配种期蝎子的饲养管理要点

（1）给种蝎提供良好的交配环境，确保成功地达成交配。蝎子交配场所的地面状况、气温、空气相对湿度、光线、风力等环境因素，对交配的效果有重要的影响。在人工养殖的情况下，给蝎子提供良好的交配环境，是取得理想交配效果的重要前提。适于蝎子交配的环境条件的具体要求如下：

1）地面状况。蝎子的交配处，应便于结对的种蝎进进退退地活动和固定精荚。因此，交配的场地要宽敞，让两只种蝎有"共舞"的回旋空间；地面宜坚实、平整、略显粗糙，不可高低不平、松软或过于光滑，以免蝎体悬空或发生滑动，影响精荚排出或使排出的精荚无法以正确的方向固着于地面上。

2）温度。适于蝎子交配的温度是 $26\sim38℃$。在此范围内，温度越高，雄蝎排出的精荚硬化得越快，就越有利于及时插入雌蝎的生殖孔内，因而交配的效果就越好。

3）空气相对湿度。蝎子在空气相对湿度 $65\%\sim80\%$ 的环境中很容易成功地交配。当空气湿度低于 40% 时，蝎子很少进行交配；同时，空气显得过于干燥，不利于精荚的排出和雌蝎生殖厣的打开，即使交配也难以实现受精。

4）光照强度。蝎子交配时的光照强度不宜很高，即使昏暗一些也无妨。大量的观察结果表明，野生蝎习惯在月光下或黑暗的地方进行交配；人工养殖的蝎子，虽在持续的较强光线下能够交配，但交配过程花费的时间要比在弱光下长得多。

5）风力。蝎子的交配场所以尽可能无风为宜，这样既便于稳定地控制温度与空气湿度，也有利于保持宁静，避免对蝎子产生干扰。

（2）给种蝎提供足量、适口性好的饲料虫和充足的饮水。

（3）合理地组织放对。蝎子的放对就是通过人工操作使种用的雄蝎和雌蝎结成配偶关系。放对有单养放对和群养群配两种形式。

单养放对时，先把选择的健壮种雄蝎单养，然后投入1只雄蝎，这样可避免雄蝎发生紧张，增加成功交配的概率。

在群养群配的情况下，雄、雌蝎的比例不宜低于1：2，最高可达1：1。放对后的蝎子密度一般不宜超过500只/米^2。第一次实行群养群配的种蝎，可按每平方米一次性投放足量的雌蝎（250~300只），并按雄、雌比例1：2分多个地点投入种雄蝎，1天后可补充一次种雄蝎，使雄、雌比例最终达到或接近1：1的理想状态，这样可保证雌蝎获取较好的受精效果。

如果在繁殖群内一次投入太多的雄蝎，会增加它们之间发生争斗的机会；若一直保持较低的雄、雌比例，即长期处于雄蝎少、雌蝎多的状态，会使一部分雌蝎失配。

交配后不宜继续留种的弱、残种雄蝎以及确认已利用过两次的种雄蝎可及时淘汰。

在群养群配的条件下，繁殖群的结构是动态变化着的，雄、雌蝎的比例随时都会发生改变。为了使之能保持理想的雄、雌比例，平时要尽量做到及时记录雄、雌蝎的转入转出情况，以便准确了解和合理控制繁殖群的结构。

（4）单养放对者，在交配结束后，宜将雄蝎及时转移出去。没有继续留种价值的雄蝎要及时淘汰。

（5）有的雌蝎在交配结束后还会接受其他雄蝎交配，但交配次数过多的雌蝎会发生死亡。死蝎要及时清除或收集起来进行加工处理。

2. 孕蝎的饲养管理要点

（1）单只饲养。群养群配的怀孕雌蝎也要及时挑出来转为单养。

雌蝎在妊娠后期，伴随着体形的高度改变，行为也开始发生改变，如活动频繁而食欲减退，找到僻静的场所后静伏不动，这就预示着它即将分娩。务必要将临产的孕蝎实行单养，以利于产仔和提高仔蝎成活率。

单养的方式有多种，传统的做法是用土坯或木板、水泥混凝土等材料做成具有多个独立蝎窝或栅格的集合体，每个蝎窝或栅格的大小只要能容纳下 1 只雌蝎并留有不大的活动空间即可，这种饲养方式的优点是设施造价低、节约空间，缺点是干扰大、不便于精细管理。孕蝎也可采用单只瓶养，优点是便于管理操作、仔蝎成活率高，但占据空间大，蝎房利用率较低。

（2）加强对环境温度、湿度的控制。胚胎发育适温为30～38℃，低温不利于胚胎发育，可导致妊娠期延长或胚胎产前死亡，若孕蝎长期处于24～28℃，就易造成受精卵发育受阻、发生难产或产出大量死胎（浅黄色颗粒）。

孕蝎适于在空气相对湿度70%左右、蝎窝土含水量5%～10%的环境中生活，湿度过大可致胚胎发育停滞，蝎窝土湿度低于3%则引起胚胎死亡。

（3）加强孕蝎营养，喂给适口性好、营养丰富的鲜活饲料虫。一次只投放1只饲料虫，吃完后再投放1只，直至吃饱为止。

（4）保持环境安静，以防孕蝎受到惊吓后发生流产。

3. 产仔期和负仔期蝎子的饲养管理要点

（1）单只饲养，方式与孕蝎相同。

群养不利于雌蝎产仔和新生仔蝎的存活与蜕皮。

在同一蝎群中，不同的幼蝎并不会完全同步地蜕皮，蝎群越大或蝎子的密度越大时，不同个体蜕皮时间的差异也会越大，这样就易发生正在蜕皮或无力自卫的幼蝎被正常活动的蝎子捕食的现象。

（2）记录产仔日期、仔蝎数量。

（3）产仔和负仔期雌蝎及其仔蝎在此期间不摄食、不饮水，故一般不需投食和供水；若发现有蜕皮后数天的2龄蝎子下背寻食，可以考虑投喂一点幼嫩的小虫供其捕食。

（4）加强环境控制，以利于1龄蝎蜕皮。从雌蝎产仔到母仔蝎分离，持续10~12天，在此期间，要求产房内气温控制在30~38℃，昼夜温差不超过5℃；空气相对湿度以70%~80%为宜，蝎窝土湿度10%~15%。在上述温度范围内，温度越高，雌蝎的产程越短，仔蝎爬到母蝎背上也越早、蜕皮越顺利、成活率越高。

室温为32~38℃时，雌蝎产仔只需数分钟，30℃则需15~20分钟，18~24℃常致雌蝎发生难产乃至死亡。室温在35~38℃，新生仔蝎在1分钟左右即可爬上母背，在25~30℃则需3~5分钟；上背越早，成活率越高。雌蝎在30℃以下产仔时，会使产出的软胎增多，新生仔蝎上背困难，死亡率也高。

蝎房内可经常放置一盆洁净的清水，使其与室温相等，一来参与环境湿度的维持，二来在必要时用于提高蝎窝里垫土的湿度。在仔蝎蜕皮的过程中，若发现蝎窝（瓶）里的土过于干燥时，不要急于向土中滴水，以免雌蝎感受到来自环境变化的刺激发生骚动而干扰仔蝎蜕皮。待仔蝎全部蜕完皮之后，再滴入与室温相同的清水。

（5）保持环境安静，以防负仔期雌蝎受到惊吓后弃仔、食仔。正在产仔的雌蝎受惊后也会弃仔而逃，待平静下来后虽能继续再产，但仔蝎的成活率低。惊扰还会导致新生仔蝎不能爬到母蝎背上甚至远离母蝎，使其被后者或其他蝎子吃掉的风险增大。

（6）对蜕皮前离开母蝎背的落地仔蝎要实行人工救助，可借助于公鸡尾羽或鹅羽、软毛刷、毛笔将其轻轻地扫到窄纸条上，再转移到母蝎背上；否则，迟迟不能返回母背的仔蝎会被母蝎吃掉或不能蜕皮而死亡。

2龄蝎的早期阶段虽然还没有离开母体独立生活的能力，但在蜕皮后5~6天，就有小蝎会从母背上下来围绕着母蝎活动并尝试吃东西，时间可能持续24小时以上，随后还会返回母蝎背上，这是正常的现象，母蝎一般也不会干预。

（7）仔蝎在出生后10~15天离开母蝎开始营独立生活。当仔蝎全部下背后，要及时地施行仔蝎与母蝎的分离。幼蝎体小质嫩，人工分离时要小心操作，切勿造成损伤。

4. 恢复期雌蝎的饲养管理要点

由于有的经产雌蝎在负仔期过后会再次接受交配，因此，可把恢复期雌蝎转为配种期雌蝎进行管理。在此情况下，跟群养群配条件下的已孕雌蝎一样，确已处于怀孕中的恢复期雌蝎在面对寻偶的种雄蝎时，自然会拒绝交配并能成功地躲开雄蝎的纠缠，也不会对发育早期阶段的胚胎产生不利的影响。但是，发现实行单养的恢复期雌蝎与雄蝎激烈咬斗时，要将后者及时地移出，以免其受到伤害。

为了便于管理，应把恢复期雌蝎收容在专门的养殖区内，不要与青年雌蝎混养在一起；工作的重点是满足其营养需要，使之尽快复壮而能顺利地承担起再次孕育胚胎的重任。

5.2 龄蝎的饲养管理要点

2 龄蝎处于生长发育最关键的时期，往往因不能顺利蜕皮而死亡，因而幼蝎的第二次蜕皮被称为人工养蝎的"瓶颈"。2 龄蝎的饲养管理重点在于以下 4 个方面：

（1）合理搭配饲料，保证营养全面、充足。由于健壮的体质是幼蝎顺利蜕皮的基础，所以，必须保证 2 龄蝎能够吃饱喝足，使之具有良好的体况；否则，即使其他条件都相当完备，2 龄蝎也难以通过"蜕皮关"。

在良好的温室饲养条件下，2 龄蝎通常每隔 4 天吃 1 只 3 龄期的黄粉虫，一般经过 50 天左右蜕皮。因此，要为 2 龄蝎昼夜不间断地供应适宜的饲料虫，任其自由采食，使之获取充足的营养以促进正常发育。饲料虫要放进浅盘中，既便于养蝎采食，又可防止饲料虫逃逸或钻入蝎窝土中。

如果饲料供应不足或质量差、个体的采食能力差，都会造成 2 龄蝎营养不良，从而导致生长速度缓慢，蜕皮时间延迟，有的个体可能延后 3 个月之久；营养极度缺乏会导致幼蝎饿死或病死。

（2）蝎群密度适宜，保持环境安静。合理的饲养密度能保证幼蝎都有机会采食，有利于避免群内相残现象发生，也可防止死亡风险极高的蝎窝外蜕皮现象发生。放养密度越小，幼蝎的发育速度越快，蜕皮期间的死亡率也越低。在一般情况下，2 龄蝎的放养密度以 4 000~5 000 只/米^2 为宜。

（3）环境温度和湿度要适宜，确保能促进正常发育和适于蜕皮。在环境温度保持 27~35℃、昼夜温差不大于 5℃和土壤湿度 10%~15%、空气相对湿度 70%~80%的条件下，幼蝎能正常地活动和摄食，促进发育，实现顺利蜕皮。温度过高不利于幼蝎蜕皮；若发现幼蝎明显趋向于到潮湿的地方蜕皮，表明环境过于干燥。但是，若环境湿度过大，将会使幼蝎遭受霉菌的侵害。

对幼蝎危害最大的两种温、湿度组合是低温低湿和低温高湿。蝎子在低温环境中，活动量大幅度降低，不利于采食和体内食物的消化代谢，而蝎子体内水的代谢与温度密切相关。所以，幼蝎长期处于低温低湿环境中，采食和发育受到抑制，机体也易失水，导致体质不好而发生蜕皮障碍，轻者蜕皮过程延长，严重者不能发生蜕皮或在蜕皮过程中发生死亡；低温高湿不仅易使幼蝎遭受真菌侵害，更易造成消化不良，致使大量幼蝎死于腹胀（大肚子病）。

（4）及时转移出 3 龄蝎。这样可避免蜕皮后体力早已恢复或部分恢复的强势个体与弱势个体如蜕皮前活动力差、正在蜕皮、蜕皮后体质软嫩的 3 龄蝎、尚未蜕皮的 2 龄蝎相遇的机会，尽量降低处于相对弱势的幼蝎的死亡率。

6. 3 龄蝎的饲养管理要点

温室养殖的 3 龄蝎，生长期平均为 51 天，其脆弱性与 2 龄蝎差不多，饲养管理上出现任何疏漏都易抑制它们的发育甚至引起死亡。饲养管理要求与 2 龄蝎基本相同，饲养密度以每平方米 3 000 只为宜。3 龄蝎对污浊空气的抵抗力差，故需特别注意保持室内空气清新，否则会导致死亡。

7. 4~6 龄蝎的饲养管理要点

尽管 4~6 龄蝎仍属幼蝎，各龄蝎的生长期只有 50~60 天，但抗逆力和独立生活能力已越来越强，容易生存，对饲养管理产生的压力比 2~3 龄蝎相对较轻。饲养管理工作的基本要求和主要内容如下：

（1）分龄饲养。按蝎子的龄期组群，龄别不同的蝎子不得混养。

（2）饲养密度不要过大。一般按 4 龄和 5 龄蝎 1 500~2 000 只/米^2，6 龄蝎 1 000~1 200 只/米^2 投放。依蝎窝的形式酌情掌握。降低饲养密度有利于促进生长发育，杜绝蝎窝外蜕皮，提高幼蝎成活率。

（3）执行合理的饲喂制度。每天傍晚投放一次饲料虫；饲料虫的龄期以比蝎龄大 1 龄为宜。投放量依当天早晨的饲料虫剩余情况，根据"剩 1（条）减 1（条）、缺加 1 成"的原则确定，尽量做到次晨略有剩余。早上剩余的饲料虫宜撤出，以利于蝎子养成定时、定点采食的习惯和保持旺盛的食欲。

（4）室内温度要保持在 25℃ 以上。

（5）保持空气清新。跟 3 龄蝎一样，4 龄蝎对空气污染的反应非常敏锐而强烈，温室内空气质量差会使死亡率升高，宜加强微风换气改善空气质量。温室内的气温较高，污浊的空气成分随着向上升的热空气通过天窗排出是最佳的换气方式，它不会产生剧烈的气流，因而不会对蝎子造成干扰。在低气温季节，温室内换气最好在无风的中午进行。

（6）发现死蝎、死虫要及时清除，防止被蝎摄食或造成环境污染。

六、蝎子生产的经营管理

在我国，分布的蝎子有 10 多种，其中，东亚钳蝎等入药的历史相当久远，近 30 年来又成为餐饮行业里的高档名贵食材，市场需求量逐年增大，野生蝎资源已越来越少。无论是从保护东亚钳蝎这个物种的角度去看，还是为了满足人们对蝎产品与日俱增的需要，发展人工养蝎均越来越显得重要。近 20 多年来，已有不少人涉足蝎子的人工养殖领域，积累了大量的宝贵经验，也提出了许多值得继续进行深入探讨的研究课题，为发展我国的养蝎事业做出了巨大的贡献。作为养蝎的创业者，只要遵循养蝎生产经营管理的基本规律，认真地学习和借鉴同行的成功经验，勇于实践，积极地进行探索和科学创新，力争实现多生、全活、全壮、高产、低耗、畅销，就能使自己的事业不断地稳步发展、壮大；一旦时机成熟，及时地由粗放型经营向集约型、高科技型转变，进一步把养蝎事业做大、做强。

（一）养蝎生产的经营管理及其重要性

纵观以往养蝎业的发展历程，众多经营者的生产规模大小不一，经营模式多种多样，技术水平各有千秋，成败得失结果不同，经济效益更是千差万别。养蝎者的成功或失败固然有着各自的具体原因，但不管具体的原因是涉及生产条件、养殖技术、资金实力还是产品销售等，都与企业的经营或管理有关，经营管理的内容涵盖了养蝎产业的各个方面。

经营是企业进行市场活动的行为，直接目标是"赚钱"，重点在于"生产"和"产品营销"，是要利用资源来创造实力和建立影响，这就要积极进取，抓住机会，胆子要大；管理工作的目标是"保证有钱可赚"，工作的重点是对内部资源的整合和建立秩序，管理的对象是"人"，追求的是"效率"，要"节流"，要"控制成本"，要理顺企业内部的工作流程，力争避免出现问题，或能妥善地解决出现的问题，这就要求行事要谨慎稳妥，要会评估和控制风险。经营和管理工作做好了，就能使人、财、物各种要素都能得到充分利用，合理地组织生产，使供、产、销各个环节相互衔接，密切配合，以尽量少的人力和物质消耗，生产出更多的蝎产品并将产品变成钱。换句话说，只要经营管理不出现失误或不再发生失误，经营得好企业就能生存和发展，管理得好就能提高效率和降低生产成本，规模小者可以发展壮大，问题频出者可以转危为安，产品滞销者可以开辟出市场，经济亏损者定能扭亏为盈。随着市场经济的发展和养蝎经验的不断积累，养蝎的人越来越多，为了使养蝎事业稳步健康地发展，不断提高经营管理水平就应成为人工养蝎者不可忽视的最重要的追求目标。

简而言之，养蝎生产的经营管理工作贯穿于整个生产过程和产品营销活动中，从项目规划开始，经过项目的落实和组织实施，直到产品进入市场，各个环节都与经营和管理有关，只要每个环节都能正常运转，企业的成效自然就能达到理想的水平。

（二）项目规划

1. 立项前的考察

（1）市场考察。要花费一定的时间进行市场考察，对当地乃至更大范围内蝎产品的市场需求量、销售对象、销售渠道了解清楚，做到心中有数，才会有助于做出符合自己情况的选择。

（2）蝎子的种源考察。在需要从现有的养蝎场引进种蝎前，务必要进行蝎子的种源考察，货比三家，有利于安全、可靠地获取种蝎，尤其可避免在外购种蝎时落入炒种陷阱。

新建的养蝎场，外购种蝎是实现早投产、上规模最便捷的途径。需要注意，不宜从温室养殖的蝎子中引种，因它们只能适应原来的生活环境，在运输途中就会产生应激，运回后极易死亡。引种前，要多考察几家养蝎场，仔细比较它们的生产规模、养殖条件、蝎群结构、接待购种客户的方式等，从其生产实力与信誉等方面判断种蝎的质量。

1）看生产规模：看养蝎场全年商品蝎生产量、每批商品蝎生产量及其占用面积。对于立体养蝎场，要看一看饲养设施的养蝎层数，以计算其总的有效利用面积。从待售商品蝎的暂养面积和全年的生产批量，可大致估算出一个养蝎场全年的商品蝎总产量，待售商品蝎的暂养面积约为 1.0 米²/千克；考虑到蝎房的周转利用因素，在全年连续生产的条件下，一个年产 1 吨商品蝎的饲养场，待售商品蝎的暂养面积应有 500 平方米左右。

2）看养殖条件：目的是了解该场生产管理的规范程度，应优先考虑恒温养蝎的场家，重点要看供暖设备的加温能力能否达到 35℃ 以上；否则，就不可能保证蝎子在冬季进行繁殖，也就是说，一年只能繁殖一次了。

3）看蝎群结构：可由此判断该场的生产情况的真实性，避免被炒种者套住。首先要询问该场一年能生产多少成蝎，在此基础上考察该场养蝎的群体结构，依据 1 只雌蝎的一胎产仔数计算在养的 2~3 龄蝎子的总数与非产仔期经产雌蝎数的比例是否合理，由此可验证该场种蝎的繁殖情况是否正常以及有否从外边收购蝎子用于展销的现象。接着，要看一下该场的养蝎效果，在常温养蝎的条件下，蝎子的生长期为 26~27 个月，那么，一个建场史超过 3 年的饲养场，在每 12 个月内就应有 45% 的蝎子成为商品蝎。所以，在养的 1~6 龄蝎子的即时总量应大于全年商品蝎总产量的 45%，任何时候都应符合这一大致比例；恒温养殖的蝎子，这一比例应为 80% 左右。如果待售成蝎所占的比例很大，就难免有"购蝎炒种"之嫌了。

4）看接待购种客户的方式：在没有预约的情况下，你看到的接待场所非常气派、接待人员多而且都是在忙于处理购种蝎的业务、只给客户介绍养殖场的养蝎情况而拒绝客户进行生产现场考察等，就需考虑其种蝎生产的真实性了。也有的炒种者会向客户展示大量的"购种者"发来的"感谢信"，并会主动给你提供一些"购种者"的联系电话，此时你唯一需要做的就是"实地跟踪探访"而不是"电话随访"，只有这样才能了解到真实情况并对供种者的信誉度做出客观的评价。

（3）养蝎史与生产现状考察。在考察种源之外，对其他的养蝎者进行走访，旨在了解养蝎生产的过程以及他人在养蝎中积累的经验和遇到的问题，以便在进行决策时参考或在以后的养蝎生产中借鉴。

（4）了解蝎子的生理特性。我国地域辽阔，各地的自然条件差异很大，有的地方根本就不适于野生蝎生存，对人工养蝎所需的温度和湿度条件的控制会相当困难或成本极高。因此，对当地的气候条件也应有足够的了解。参见表6。

表6　我国部分城市各月平均气温（℃）

	月份											
	1	2	3	4	5	6	7	8	9	10	11	12
北　京	-4.6	-2.2	4.5	13.1	19.8	24.0	25.8	24.4	19.4	12.4	4.1	-2.7
天　津	-4.0	-1.6	5.0	13.2	20.0	24.1	26.4	25.5	20.8	13.6	5.2	-1.6
大　连*	-1.6	2.9	4.1	10.9	18.1	21.3	23.4	24.7	22.0	14.1	6.3	1.2
呼和浩特	-13.1	-9.0	-0.3	7.9	15.3	20.1	21.9	20.1	13.8	6.5	-2.7	-11.0
太　原	-6.6	-3.1	3.7	11.4	17.7	21.7	23.5	21.8	16.1	9.9	2.1	-4.9

续表

	月份											
	1	2	3	4	5	6	7	8	9	10	11	12
乌鲁木齐	-14.9	-12.7	-0.1	11.2	18.8	23.5	25.6	24.0	17.4	8.2	-1.9	-11.7
西　安	-1.0	2.1	8.1	14.1	19.1	25.2	26.6	25.5	19.4	13.7	6.6	0.7
石家庄	-2.9	-0.4	6.6	14.6	20.9	23.6	26.6	25.0	20.3	13.7	5.7	-0.9
济　南	-1.4	1.1	7.6	15.2	21.8	26.3	27.4	26.2	21.7	15.8	7.9	1.1
郑　州	-0.3	2.2	7.8	14.9	21.0	26.2	27.3	25.8	20.9	15.1	7.8	1.7
重　庆	7.2	8.9	13.2	18.0	21.8	24.3	27.8	28.0	22.8	18.2	13.3	8.6
成　都	5.5	7.5	12.1	17.0	20.9	23.7	25.6	25.1	21.2	16.8	11.9	7.3
贵　阳	4.9	6.5	11.5	16.3	19.5	21.9	24.0	23.4	20.6	16.1	11.4	7.1
合　肥	2.1	4.2	9.2	15.5	20.6	25.0	28.3	28.0	22.9	17.0	10.6	4.5
武　汉	3.0	5.0	10.0	16.1	21.3	25.7	28.8	28.3	23.3	17.5	11.1	5.4
长　沙	4.7	6.2	10.9	16.8	21.6	25.9	29.3	28.7	24.2	18.5	12.5	7.1
南　京	2.0	3.8	8.4	14.8	19.9	24.5	28.0	27.8	22.7	16.9	10.5	4.4
南　昌	5.0	6.4	10.9	17.1	21.8	25.7	29.6	29.2	24.8	19.1	13.1	7.5
上　海	3.5	4.6	8.3	14.0	18.8	23.3	27.8	27.7	23.6	18.0	12.3	6.2
杭　州	3.8	5.1	9.3	15.4	20.0	24.3	28.6	28.0	23.3	17.7	12.1	6.3
南　宁	12.8	14.1	17.6	22.0	26.0	27.4	28.3	27.8	26.6	23.3	18.6	14.7
海　口	17.2	18.2	21.6	24.9	27.4	28.1	28.4	27.7	26.8	24.8	21.8	18.7
广　州	13.3	14.4	17.9	21.9	25.6	27.2	28.4	28.1	26.9	23.7	19.4	15.2
福　州	10.5	10.7	13.4	18.1	22.1	25.5	28.8	28.2	26.0	21.7	17.5	13.1

注：*为2007年资料，其余为2006年资料。

蝎子的不同生理状态。不同生理状态或生活阶段的蝎子，生活习性存在一定的差异，在饲养管理上有不同的要求。因此，为了便于在制订规划时对蝎群结构进行充分了解、对养殖效益进行预测和对设计的养殖规模进行评价，也便于在实践中合理地组织生产和进行蝎子的管理，有必要根据生理状态对蝎子进行分类。蝎子的类别可以分为以下几种：

1）成蝎：指完成 6 次蜕皮后的蝎子，又称 7 龄蝎。不作种用的成蝎，不管生活期已有多久，均应及时地作为商品蝎进行处理。

2）非繁殖期雌蝎：指成蝎中留作种用但尚未放对交配的雌蝎。

3）配种期雌蝎：指已与种雄蝎放对的雌蝎（只与配偶蝎同处）或按一定比例与雄蝎混养在一起的群养雌蝎。

4）孕蝎：在交配后的一定时间，前腹部逐渐变宽、粗隆、体形发生明显变化的雌蝎为孕蝎。为了提高繁殖效率，原则上可把已知接受过交配或放对后已满 4 周的雌蝎均视为孕蝎，但后来确认为未怀孕者，要及时转为配种期雌蝎进行管理。

5）产仔期雌蝎和负仔期蝎子：顾名思义，产仔期雌蝎是指正在产仔的雌蝎，负仔期是指雌蝎从仔蝎产出后至仔蝎下背之间的生活期。然而，广义上的负仔期蝎不是仅指负仔的雌蝎，而且也包括未下背的仔蝎，这是由于雌蝎及其背上尚不具独立生活能力的仔蝎在此阶段内对环境的要求相同，故在管理上可将二者看作一个整体。但是，在小蝎的发育阶段，仍要依蜕皮为准绳，把处于雌蝎背上的蜕皮前后的小蝎分别称为 1 龄蝎（仔蝎）、2 龄蝎。

6）恢复期雌蝎：指已结束负仔期的雌蝎。在恢复期，体内的滞育胚胎被激活而开始发育，经产雌蝎实际上处于再次怀孕的早期阶段。

7）仔蝎：本意是指 1 龄蝎，但习惯上泛指出生后趴在雌蝎背上、不具独立生活能力的小蝎，亦即第一次蜕皮前后未脱离母体的小蝎，从个体发育阶段上讲，包括 1 龄全期和 2 龄的头几天。

8）幼蝎：是 2~6 龄蝎的统称。其中，2 龄和 3 龄蝎又称作中蝎，4~6 龄蝎称育成蝎（或青年蝎）。中蝎娇嫩，比育成蝎难养。

（三）员工管理

1. 分工与职责

规模较大的养蝎场的员工包括管理人员（企业负责人、财会人员）、饲养管理人员（养蝎人员、饲料虫养殖人员）、物资采购与产品销售人员、其他人员（如水电维修人员、司机等）。各类人员的数量要依企业的规模和实际需要而定，能通过兼职处理的岗位尽量不设置专职人员，但该岗位的工作要有固定的兼职人员来承担。

对于饲养管理人员来说，本职工作就是进行动物的饲养和管理。其中，观察动物生活环境的状况是正确地进行饲养管理操作的前提条件，观察的主要内容有环境温度、湿度、光照、空气质量与通风换气情况以及饲料的余缺情况等。

2. 技术培训

全部在岗人员都要熟悉自己的工作内容，并在实践中不断地进行自我检查并与相关的人员进行交流，及时总结成功的经验和发现问题及解决问题的过程与效果。企业内部要定期或不定期地组织相关的培训活动，不断地提高职工的业务技能和素质。

3. 建立制度和激励机制

企业规模不管大小，都要有规章制度，使全体员工能自觉地规范个人的行为。制度的作用不只是体现"约束"，更重要的是要调动员工的积极性，使每个人都树立起爱岗敬业的观念，让每个人都能时时、事事为企业的发展着想并做出自己的贡献。

（四）资金规划

资金支出

资金支出包括企业经营所需花费的全部现金和以金钱计价的全部投入。支出的总和即为成本。资金支出大体上有以下6个项目：

（1）土地租金。即场地租赁费。非租赁的土地也需折算租金，因这块场地若用于其他项目也会有收益，而现在用于养蝎实际上是占用了该土地的收益。不以现金支出的土地租金在财务核算时以折旧费的形式计入成本中。

（2）设施与设备购置费。包括房舍建造费用和各种生产物资的购置费。房舍建筑费和大型、耐用设备购置费在财务核算时以折旧费的形式计入成本中。

（3）工资。包括实际支付的员工工资（含奖金、福利费）和不领取报酬的家庭从业人员的"账面工资"。不领取工资的家庭从业人员的人力付出也应计算工资成本，因为在家庭企业内参加劳动的人在创造财富的同时也要吃饭和消费，这些消费应在税收和企业经济效益核算方面得到体现。

（4）生产性支出。包括饲料费（主要是饲料虫生产的支出）、水电费、燃料费、设备日常维修费用等。

（5）销售费用。产品销售活动的成本费用包括广告费、物流费、业务电话费等。

（6）管理费。包括全部的非生产性支出，如办公用品购置费、管理性电话费、不是用于生产的车辆费用及差旅费、招待费等。

此外，在规划资金的支出情况时，还应考虑经营所需的流动资金的准备。流动资金是供1个生产经营周期（比如每生产1批可立即销售的成蝎所需的时间）内可随时使用的资金，其用途包括需要支付的工资、购买原材料（包括动物饲料、燃料等）和低值易耗品（包括日常易损或必需的常用小件工具、卫生用品）等所需支付的费用以及用于其他不可预测的支出即不可预见费（可在上列6项支出总额的基础上按预估的百分比准备，一般可按5%左右预留）。流动资金直接为企业的经营服务，流动资金越充足，企业的支付能力和抗风险能力越强，也越有利于资金周转，而资金只要有周转就有赢利的机会。

七、常温养蝎技术

人工养蝎在我国自 20 世纪 50 年代开展以来，常温养蝎所占的比重很大。这是一种传统的养蝎技术，在长期的实践过程中，其技术已趋于全面、成熟。近年来，虽然无冬眠养蝎技术已得到迅速发展，但常温养蝎因其设备简陋、技术简单、管理方便，在短时间内这种养殖方式还会存在下去。

（一）引种时间

常温养蝎的引种时间一般安排在春末夏初或秋季。这是由蝎子在一年四季中的活动情况决定的：初春蝎子刚出蛰，未大量活动，体力尚未恢复，盛夏进入产仔时节，冬季气候寒冷；而春末夏初和秋季，无论是从气候还是蝎子活动情况来说，都是运输的大好季节。另外，春末夏初即将进入繁殖期，便于当年产仔，提高养蝎经济效益。

（二）养殖方式

常温养蝎的主要方式有缸养、盆养、池养法等。

1. 池养法

（1）一般蝎池。蝎池建在室内、室外均可。建蝎池的地面要注意硬化，以防鼠、防蚁。一个蝎池占地2平方米左右，铺5厘米左右细土（注意没有蚂蚁和蚁卵），上搭砖瓦蝎垛，四周建防逃蝎壁，壁高40厘米左右，内壁上缘贴光滑材料（玻璃条、光滑塑料板等）。室外蝎池的垛顶要搭棚防雨雪。要始终注意防鼠灭蚁，其他管理如同半地下室蝎池。

（2）半地下室蝎池。半地下室蝎池较一般蝎池有利于保温、保湿，并能凭地温使蝎子安全越冬。

选背风向阳的地方挖坑，坑深40厘米左右，坑底硬化后上铺细土，周围建防逃蝎壁，搭砖瓦蝎垛，垛高出地面50厘米左右。垛顶搭棚防雨雪，并应注意防鼠、防蚁。冬天垛顶覆干草，垛体用草泥密封保温，使蝎子安全冬眠。高温季节蝎池内温、湿度要均衡，不可出现高温低湿，避免蝎子体内失水而死亡；要及时往池内以渗水、滴水形式加水或细雾状喷水，以满足蝎子对水分的需要。低温状态下，注意蝎池湿度不可过大，以免蝎子生长受到抑制。

2. 缸养法

此法适于初养者进行实践探索或家庭小规模养殖，优点是投资少、便于管理和观察、研究，但在家庭内养殖者务必要有可靠的安全防范措施，尤其是要杜绝小孩被蝎蜇的事件发生。准备好内壁光滑的陶瓷浅缸，彻底清洗干净后填装蝎窝土至中部的截面最大处，在土上面交错地反扣几层房瓦，给蝎子创造隐蔽的栖息环境；瓦片与缸壁之间留出供蝎活动的环状区域。每块瓦上都钻一个小孔，穿上一个铁丝制作的环，便于日后进行检查等操作时用钩子钩住提起。也可在土上杂乱地摆放一些形状不规则的石头（片状最佳，每块重0.5~1千克）或用破砖、瓦片、朽木头、树枝等取代房瓦。另放一个盛水的浅盘或自制的饮水器，缸口盖上一个有孔的盖即可。每个口径60厘米的浅缸可放养种蝎150只。饲养管理要求与其他饲养模式相同。除了本书中介绍的几种饲料虫外，还可捕捉苍蝇、蚰蜒、蚂蚱、蜘蛛、蚜虫、菜青虫等用来喂蝎子。

3. 盆养法

利用内壁光滑的搪瓷盆、塑料盆也可养蝎子，称为盆养。饲养的基本要求与缸养法相同。盆养法适于养幼蝎。由于盆内装土较少，加水量不易掌握，而且蒸发速度也快，故在炎热天气里蝎窝土干燥时不宜加水增湿，可放入一些大片青菜叶、带嫩枝的大片树叶或嫩青草调节湿度，干枯或将腐烂的叶子、青草要及时清除。

4. 房养法

蝎子生活在多缝隙墙体内。房养的规模可大可小。

在常温房养的情况下，蝎子的房养法饲养管理基本同缸养法，但以下几点是与后者不同之处：

（1）蝎房外的水沟内不可断水，否则，一夜就可使蝎子全部跑光。

（2）夜间打开门窗和蝎房内的灯（黑光灯、日光灯或白炽灯均可，后两者最好在其表面涂上墨汁或在下方适当遮暗一些），以引诱蝇、蛾之类的昆虫飞进室内供蝎子捕食，同时打开墙脚的蝎洞，任蝎子自由出入活动。此外，每晚还应适当投喂一些饲料虫，以免天然虫源不足时引发蝎子群内相残；次晨要检查饲料虫的剩余情况，以便调整当晚的投喂量。

（3）白天关闭门窗、堵上蝎洞，保持房内黑暗。

（4）控制好蝎房内的温度和湿度，尤其要满足母蝎产仔期间以及幼蝎蜕皮期间对这两个环境因素的特殊要求。

（5）孕蝎要尽可能挑出单养，直到负仔期结束后再放回大群中。

（6）做到幼蝎不与成蝎混养，幼蝎也按蝎龄分群饲养。如果不能增加蝎房，则可事先在蝎房内采取隔离措施进行分区。

（7）蝎子入蛰后，将门、窗、蝎洞封严，使蝎子能安全越冬。

常温房养的蝎子，投放种蝎后需经过两次冬眠，到第三个年头的处暑前后才能采收第一批商品蝎，此后每年收获一次。采收蝎子时，打开蝎洞，关闭门窗，在蝎房内避开蝎洞喷洒适量白酒，蝎子就会从洞口爬出。捕蝎者守在洞口，对爬出来的蝎子进行分类收捕，老龄蝎和不做种用的成蝎作为商品蝎收集到一起，幼蝎和留种的蝎在收捕结束后放回蝎房内继续饲养。

5. 瓶养法

瓶养法适于单只饲养孕蝎、产仔期和负仔期母蝎。选择大小适宜的杯状容器，如广口玻璃罐头瓶、250~500毫升烧杯、具有适宜深度而底面积不小于5平方厘米的玻璃杯或其他壁面光滑的合适容器作为养蝎瓶，内装2~3厘米厚蝎窝土，放入一片新鲜树叶或菜叶供蝎隐蔽并调节湿度。

6. 架养法

架养法便于实行分群养蝎。在架上放置3~5层养蝎箱，在蝎窝土上反扣房瓦，瓦上放湿的海绵块。一个蝎房内可设置多列蝎架，两列蝎架之间要留人行道。

养蝎箱可用木板或水泥混凝土预制，混凝土养蝎箱只能固定设置，木质养蝎箱也可设置成抽拉式，就像抽屉一样。每个箱长80厘米、宽60厘米、高25厘米，内壁贴以塑料薄膜或玻璃以防蝎子逃逸，但要留多个小孔以利于空气流通；若为木箱，则底部也用塑料膜等防水材料做防潮处理。由于地面温度低且难以控制，长期生活在地面上的蝎子死亡率也高，故底层养蝎箱的底与地面间需留空10~15厘米，使蝎子不与地面接触。

固定设置的养蝎箱，每层放2排，每排由若干个独立的养蝎箱连在一起。在相邻的上下两层之间需留出25厘米高的间隙，以便操作。

放置抽拉式养蝎箱的蝎架，纵深要比养蝎箱的长度长出10厘米。每层只放一排养蝎箱，相邻的两层养蝎箱的抽拉方向相反，安装拉手的一端与蝎架的边框平齐时，其远端处于缩进架内10厘米的位置，并应在承载蝎箱的导轨上的这个位置设置阻挡装置。这样，可保证位于其下方的养蝎箱的拉手端有 10 厘米长是向上敞开的，以便空气流通，而且便于观察蝎的活动状态和投喂情况。抽拉式养蝎箱的壁上一定要留有足够的通气孔，层间距可以小到忽略不计，这样不仅可以降低建造成本，也有助于养蝎箱向外拉时不至于发生大幅度倾斜。

7. 纸质蛋托养蝎法

纸质蛋托养蝎法是利用相间的水平异向叠放的纸质蛋托做蝎窝的养蝎方法。此法不使用蝎窝土，环境湿度靠向蛋托上方的水盘内注水调节，适于饲养幼蝎，有利于蜕皮。采用此法养蝎，关键在于控制环境湿度防止蛋托发霉，蛋托也不能直接放在湿地上或土上，以免发霉和变软塌陷。

8. 山养法

山养法有自然山地放养和人工假山饲养两种。本法适于山区农民创业，但在平原地区，有场地、缺劳力的城乡居民也可采用此法养蝎。优点是平时几乎不必进行管理，缺点是蝎子完全处于野生状态，生产效率低。

（1）在山区，选择远离农田和果园，在有稀疏杂草和灌木、背风向阳、遍布小块片状石头的平缓山坡，放入种蝎后任其自由繁衍，只需预防天敌侵害，无需进行其他管理，从第三年开始每年 10 月收捕一次。

（2）人工假山养蝎是在向阳、温暖的地方，用山石或碎砖堆砌成丘，放入种蝎进行养殖。假山体内多留一些小空隙，撒入适量蝎窝土，表面也撒上一些土，任野草滋生。周围留出 1~2 米空地，适当栽植一些花草、灌木，营造适于蝎子和昆虫活动的环境。在外围修建 0.5 米高的防护墙，并环假山架设防护网。

（三）蝎子在一年中的生活方式

蝎子属变温动物，具有变温动物的特性，即蝎子在一年中会随季节的气温变化而表现出不同的生活方式。具体来说，我国大部分地区在常温下蝎子一年中的生活可分为 4 个时期：

1. 复苏期

复苏指 3 月下旬至 4 月中旬，处于休眠状态的蝎子开始苏醒出蛰。

惊蛰以后，气温回升，蛰伏的蝎子陆续复苏出蛰活动。由于早春气温偏低，昼夜温差大，蝎子的活动时间不长，活动范围也不大，除了白天外界气温转高时出穴活动外，夜间很少出窝活动。这个时期，蝎子的消化能力很差，凭借书肺孔吸收大气或土壤中少量的水分，利用体内贮存的营养维持生命。

2. 生长期

4 月中旬至 9 月上旬是蝎子生长发育和交配产仔的时期。

清明以后，气候逐渐变暖，蝎子的活动范围和活动量不断增大，消化能力随气温升高而不断增强，蝎子的生长发育和交配产仔大都在这个时期进行。每年的 6 月下旬至 8 月底气温较高，可达 30℃ 左右，蝎子活动最活跃，生命力也最旺盛，这是蝎子生长发育的高峰时期，也是蝎子交配产仔的最佳时期。

3. 填充期

9 月中旬至 10 月中旬是蝎子为其入蛰休眠贮存营养的时期，俗称填充期。

秋分以后，气温逐渐下降，蝎子食量增大，进入捕食高峰期，蝎子尽量吃饱肚子，把获得的营养贮存起来，以便供给休眠和复苏消耗。这个时期，雌蝎刚产过不久，体瘦身弱，应做好育肥复壮工作。

4. 休眠期

10 月下旬至翌年 3 月下旬，蝎子入蛰休眠。秋末冬初，蝎子停止采食，开始休眠。这一时期，蝎子的生长发育完全停止，处于蜷伏休眠状态。休眠时，蝎子不食不动，体内活动微弱，新陈代谢水平很低。

（四）蝎子的四季管理

常温养殖时，可根据蝎子在一年中的生活方式，结合本地区四季气候变化而适时地进行饲养管理。

1. 春季管理

"过冬容易过春难，冬蝎难过春亡关。"这是常温养蝎的经验之谈。所谓"春亡"，是说经过入蛰休眠的蝎子在翌年春天复苏的时候容易死亡。

（1）造成蝎子"春亡"的原因：主要有以下几个方面。

1）填充时期饲料缺乏，蝎子未能很好地补充好营养。

2）越冬期间，蝎窝内气温偏高，引起蝎子躁动不安，体内贮存的营养过早消耗殆尽。

3）越冬期间蝎窝内湿度过大，气温偏低，在低温高湿环境下，蝎子容易发病。

4）越冬期间蝎窝长期过于干燥，造成蝎子慢性脱水。

5）蝎子出蛰时，营养供应跟不上。

（2）管理方法：为了避免"春亡"的现象，除加强冬季管理外，还应加强蝎子春季的管理。谷雨后蝎子开始出蛰，应从以下几个方面加强管理：

1）对刚出蛰的蝎子不宜过早投喂饲料虫。因为早春气温偏低，蝎子刚复苏，消化能力很弱，而且在休眠期间一直未排泄。过早投喂饲料虫，容易引起腹胀等疾病。

2）晚春时节，随气温的升高，蝎子活动能力增强，此时需要投喂适量的饲料虫，以满足其生命活动的需要。

3）开始投食后，投食量要由少到多逐渐增加。

4）由于春季气温忽高忽低，要注意蝎窝的防寒保暖。

5）注意调节环境湿度。

2. 夏季管理

芒种以后，温度上升到 25℃ 以上，蝎子进入生长发育时期，这时蝎子食量大增，消化能力也明显提高。这一时期要增加饲料虫的投喂量，并保持蝎子活动场所的湿度适宜。

夏至以后，各龄蝎子进入生长发育最旺盛的时期，孕蝎进入体内孵化后期，并开始产仔。这一时期是一年中气温最高的时期，也是蝎子生长和繁殖的关键时期，管理上应注意：

（1）满足蝎子对营养的需求，全方位高密度投喂适口性强、营养丰富的组合饲料虫。

（2）保持蝎池清洁，及时清理死亡的饲料虫。

（3）保持蝎窝及活动场所的湿度适宜。

（4）创造合适的环境，保证成雌蝎正常生活，以利于胚胎的发育。

（5）搞好种蝎的繁殖工作，适时进行大、小蝎子的分离。

3. 秋季管理

秋分以后，进入多雨季节，有时还会出现阴雨连绵的低温高湿天气，影响蝎子的生长发育。而这一时期，蝎子正处于入蛰前的准备阶段，食量增大，代谢水平较高，以便把摄取的营养贮存起来，为休眠做准备。此期在管理上应注意：

（1）调控环境温度和湿度。蝎子栖息场所湿度不可过大，若过于潮湿，可适量撒一些干燥的风化土进行调节。室内养殖的可打开门窗，通过空气流通来降低环境湿度。

（2）加大供食量，做到宁余勿缺。

（3）强化饲养繁殖后的雌蝎，使其尽快得到恢复。然后把相当于雌蝎数量1/3的强壮雄蝎放进雌蝎池中，使其交配，为来年高产奠定基础。

4. 冬季管理

霜降以后，随着温度的急剧下降，蝎子停止活动和采食，开始休眠。蝎子安全越冬需满足以下条件：

（1）冬蛰前吃饱养肥，体内贮存足够的营养。

（2）休眠温度应控制在 2~7℃（休眠期间温度长期偏低，蝎子易冻死，温度长期偏高，蝎子休眠不踏实）。

（3）蝎窝的土壤湿度以 10% 左右为宜。湿度过大会减弱蝎子的耐寒性和对疾病的抵抗力；湿度过小会引起蝎子慢性脱水，导致蝎子复苏后大量死亡。

（4）注意蝎窝的防寒保暖。用稻草或纸板将蝎窝围护，并要经常检查，堵塞缝隙，以防寒风入侵。

（5）不要经常翻动蝎窝，保持环境安静，减少对休眠蝎子的干扰。

（6）防止天敌侵入蝎窝。蝎子休眠期间，老鼠往往钻入蝎窝将蛰居的蝎子咬死或拖走，更严重的是老鼠在蝎窝内定居下来后，会吃掉全池的蝎子。所以，休眠期间要加强防鼠、灭鼠工作。

八、无冬眠养蝎技术

（一）无冬眠养蝎子

常温下，蝎子的生长周期为 3 年左右，时间极其漫长。究其原因，主要是蝎子这种变温动物对生存环境的温度要求极其严格。在诸多生态因素中，温度是第一制约因素，它对蝎子的机体活动起着决定作用。我国大部分地区每年日平均气温在 30℃ 左右的时间仅有 100 天左右，而利于蝎子生长发育的适宜温度在 25~39℃。虽然蝎子出蛰至入蛰有 6 个多月时间，但刚出蛰后的 1 个月左右和入蛰前的 1 个月左右，由于外界气温较低，蝎子生长发育会受到抑制，基本处于停滞状态。累积计算，蝎子在 3 年生长期中的实际生长发育时间仅有 11 个月左右。如果能人为地消除蝎子的冬眠习性，使蝎子不冬眠，就意味着蝎子生长周期的缩短，经济效益就会大幅度提高。

我们根据蝎子的生物学特性，总结蝎子生长发育规律，在多年常温养蝎实践的基础上，通过人为控制温度，创造适宜蝎子生长发育的恒温环境，从而使蝎子不冬眠，全年处于机体活动的最佳状态。这就是蝎子无冬眠养殖技术。

无冬眠养蝎和传统的常温养蝎比较，有着很大的进步，主要表现在 3 个方面：第一，解决了常温养蝎时易出现的"冬蝎春亡"问题，避免了蝎子出蛰时大量死亡，大大提高了蝎子的成活率；第二，极大程度地缩短了蝎子的生长周期，将蝎子的生长周期缩短到 8~10 个月，比常温养蝎缩短了 30 个月左右；第三，增加了蝎子年繁殖次数，将繁殖次数由常温下的 1 年 1 次增加到 2 次。

（二）养殖设施

无冬眠养蝎需要特定的设施——温室。

使用的温室必须符合下列 4 项原则：第一，经济实用；第二，具备加温和保温的条件；第三，能保持较好的通风条件；第四，结构科学合理，便于管理。

下面介绍两种温室，供养殖户选用。

1. 旧房改造

经济实用是建造温室的原则之一，所以，无条件新建温室者可把空闲的房屋改造后使用。改造时，首先要堵塞屋顶及四壁缝隙、孔洞，把屋顶及四壁用塑料薄膜裹严，并用长木条固定。为利于加温和保温，可适当缩小室内空间，使改造后的屋顶距地面 2 米左右。地面要打一层混凝土或用砖铺好，以杜绝鼠害。然后在室内合理规划，修建蝎池。

改造后的蝎房可选用下列方法进行加温：

（1）火炕。将蝎窝建在火炕上，热量可通过土壤传递给蝎窝。利用火炕加温的优点是热能利用率高。但是上、下层温差较大，当下层温度过高时，会伤害在下层活动的蝎子。

（2）火墙。常见的火墙有两种，一种是将火墙建于房屋中央部位，蝎池环火墙而建，另一种是火墙紧贴房屋内壁建造，蝎池建于房屋中央部位。

（3）火道。火道紧贴房屋内壁下缘环绕一周。

（4）暖气。有条件者可在室内使用暖气加温。

2. 日光温室的建造

日光温室实际上就是借日光式温棚和加温温室的有机统一，它使自然采光和人工加温相结合：白天最大限度地使日光通过薄膜进入室内，使这一部分光线被吸收，转化为热能，夜间利用燃料人工加温，从而使室内恒定保持蝎子生长发育所需要的温度。

（1）建造材料。建造日光温室的材料应根据温室的结构和投资大小而定。考虑经济因素和保温效果，一般以砖木结构为主。所需要的材料有砖、水泥、细沙、蛭石或珍珠岩（保温材料）、中柱、木檩、椽子、木板（1厘米厚）、稻草、竹子、铁丝、塑料薄膜、压膜线、草苫等。

（2）结构参数。温室结构科学合理有利于加温和保温。日光温室各部位的结构参数列举如下，以供参考：矢高①2.5米，内侧跨度5米，屋面角② 25°~28°，后屋面仰角③

---

① 矢高：从地面到脊顶最高处的高度。

② 屋面角：前坡内侧与地平面的夹角。

③ 后屋面仰角：后坡内侧与地平面的夹角。

35°~40°，高跨比① 1∶2，前后坡比② 4∶1，墙体厚60厘米以上，后坡厚30厘米以上，草苫厚3~5厘米（图11）。

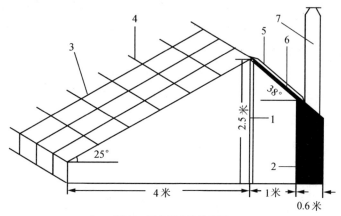

图11　日光温室结构简图

1. 中柱　2. 保温墙　3. 竹子　4. 铁丝　5. 草苫

6. 椽木、草泥、稻草　7. 烟囱

（3）日光温室的结构。日光温室主要由墙壁、火道、人行道、蝎池、顶棚、进气孔与天窗等部分构成（图12）。

1）墙壁。为了保温，日光温室的墙壁采用双层夹心式——外层建24厘米厚的墙，内层建18厘米厚的墙，中间留18厘米宽的夹缝，用蛭石或珍珠岩等保温材料填充。

2）火道。日光温室可采用低架环绕多面散热式火道。火膛建于室外，火道内径20厘米左右，高于地平面12厘

---

① 高跨比：高度与跨度的比例。

② 前后坡比：前坡与后坡垂直投影的宽度之比。

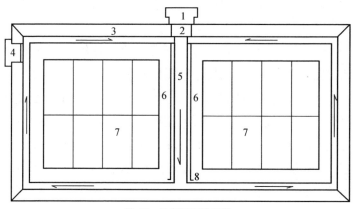

图 12　日光温室平面图

1. 煤池　2. 烟囱　3. 保温墙　4. 保温门　5. 火道
6. 人行道　7. 蝎池　8. 进气孔

米，沿温室内侧环绕一周，后通入烟囱。为了促使火道内热量的顺利传递，火道应呈缓坡式抬升，即入口处最低，出口处较高。

面积 50 平方米的温室需要配备一组火道。

3）人行道。为便于管理，蝎池四周应留出人行道，宽度以 50~60 厘米为宜。

4）蝎池。室内留出人行道后，剩余部分用来建造蝎池。由于室内不同区域的温度有一定差别，蝎池的位置应以能充分利用室内最佳温区为原则。据测定，距地平面 80 厘米高度的地方属最佳温区，所以，蝎池底面以高于地平面 70 厘米左右为宜（垛体有一定的高度）。

5）顶棚。顶棚建成起脊式，用中柱支撑。南坡用竹子做骨架，扣以塑料薄膜，上覆草苫。北坡用木檩、椽木建造，上覆木板、草泥、稻草等物。

6）进气孔与天窗。为了创造一个良好的空气流通环境，应在日光温室内设置进气孔和天窗，以保证室内有足够的新鲜空气。进气孔的内径一般为 20 厘米，设置在主火道两侧，与主火道平行。这样，室外部分冷空气进入室内时，通过火道近旁高温的加热而变暖，不会因空气流通而降低室温。天窗设在北坡，每个间隔 5 米左右的距离。天窗大小以 40 厘米见方为宜。

（三）饲养管理

1. 对饲养管理人员的要求

养蝎是一项技术性非常强的工作，应选择热爱养蝎事业，身体健康，且对工作积极负责的人员承担这项工作。对工作人员上岗前必须进行技术培训，使之熟悉蝎子饲养过程中的每一个环节所需要注意的有关问题。

饲养管理人员在日常应做好下列工作：

（1）认真观察。饲养管理人员应经常进行观察，发现问题及时采取有效措施进行解决。观察工作包括两方面的内容：

1）看环境是否正常。每天应经常观察蝎子生活环境的温度、湿度变化及相应的蝎群动态变化，调控光照，通风换气，检查饲料虫供应量是否恰当，并及时对出现的偏差进行修正。

2）通过观察，了解蝎子的健康状况。可进行"五看"：一看体色，健康蝎子体色鲜艳，光泽明亮；二看行动，健康蝎子对温度、湿度、光线等环境因素的变化反应灵敏，静止时后腹部卷于背上或屈于身体一侧，活动时腹部离地，爬行迅速；三看分布，健康蝎子白天栖息在垛体的缝隙内，一般不在垛体外，夜里活动时蝎群分布均匀；四看进食，健康蝎子食欲旺盛，捕食干脆利落；五看粪便，健康蝎子的粪便应为软而不稀的糊状物，色白或浅灰，若出现黑色或灰黑色粪便，则表明蝎子已出现病态。

（2）记录有关数据。蝎子的饲养具有长期性和连贯性，在饲养过程中应不断吸取教训，总结经验，从中找出规律性的东西，指导养殖实践。数据是总结的依据，它主要来源于饲养管理工作中的详细记录。饲养管理人员要养成做记录的习惯。常用的记录表格见表7~表9。

表7　养蝎常规观察记录表

内容 类别　　　　时间				
温度（℃）				
湿度	大气（%）			
	土壤（%）			
	垛体（干、中、湿）			
光照				
通风				

内容　　　　　时间 类别					
饲料	品种				
	供应量				
	采食情况				
加水	加水量（千克）				
	温度 变化 （℃）	加水前			
		加水后			
		降低			
	湿度 变化 （%）	大气	加水前		
			加水后		
			增加		
		土壤	加水前		
			加水后		
			增加		
噪声					
天敌					
活动					
死亡	数量（只）				
	原因分析				
第二天工作安排					
备注 （随机记录）					

表8　蝎子产仔记录表

类别		内容
产期环境	温度（℃）	
	大气湿度（%）	
	光线	
	通风	
	噪声	
孕蝎入产房	时间	
	数量	
	单房蝎子数（只）	
	单房投虫数（只）	
	产房土壤厚度（厘米）	
	产房土壤湿度（%）	
检查	时间	
	补充饲料虫	
	补充水分	
产仔	时间	
	已产雌蝎比例（%）	
	胎产仔蝎（只）	
	共产仔蝎（只）	
母子分离	第一次蜕皮时间	
	脱离母背时间	
	母子分离时间	
	胎成活数（只）	
	胎成活率（%）	
	共成活仔蝎（只）	

表9　蝎子蜕皮记录表

出生日期	蜕皮次数	蜕皮日期			生长天数
		最早	最晚	平均	
	一				
	二				
	三				
	四				
	五				
	六				

2. 养殖前的准备工作

（1）建造养蝎池。池养是较为理想的养殖方式。养蝎池用砖、水泥砂浆砌筑，内壁和上平面用水泥抹光，防止蝎子打洞外逃和天敌入侵。为了防止蝎子沿池壁上爬外逃，可在池子内壁上缘镶嵌15厘米高的光滑材料（玻璃条、光滑塑料板或镀锌铁皮等），光滑材料接口处用塑料胶带贴好。

（2）构筑垛体。池底夯实，铺上一层细壤土（不少于5厘米厚），然后用砖或瓦片构筑垛体。为了给蝎子提供活动和栖息的场所，减少蝎子相互干扰，所筑垛体应做到：

1）垛体材料之间留3~5厘米的缝隙。

2）垛体底面占地面积不大于蝎池底面面积的2/3。

3）在坚固结实的前提下可适当增高垛体，以充分利用有效养殖空间。

（3）消毒。为了净化蝎子的生活环境，防止病害的发生，可使用0.1%的来苏儿溶液进行喷洒，对蝎池进行全面消毒。

构筑垛体所用的砖、瓦片经过消毒处理后方可使用。可放入0.1%的高锰酸钾溶液中浸泡消毒。

（4）准备饲养用具。养殖前要把常用的饲养用具准备齐全。常用的用具有喷雾器、水桶、塑料盆、软毛刷、夹子、干湿温度计、乳胶手套、塑料胶带、玻璃、黑光灯等。

3. 饲养密度

为了减少蝎群间的相互干扰，蝎子的饲养密度必须适宜。其合理密度要根据蝎子的龄期和垛体的结构而定。一般情况下，饲养的密度为每平方米2~3龄蝎子8 000只左右，4~5龄蝎子4 500只左右，6龄蝎子3 000只左右，成蝎2 000只左右。

人工饲养蝎子的密度过大时，容易出现蝎子集结成团导致挤压受伤等现象，严重时会激化种内竞争，引起蝎子相互残杀。所以，应尽量降低饲养密度。这可以通过两个途径来进行：第一，扩大养殖面积，增加蝎池的数量；第二，提高空间利用率，适当增高垛体。

4. 生态因素

蝎子的生长发育是周围环境条件综合作用的结果，无冬眠养蝎能否取得成功，关键在于人为创造的生态环境是否适宜和有利于蝎子的生存和生长发育。

影响蝎子的生态因素主要有温度、湿度、光照、空气、养土、垛体和食物等。

（1）温度。蝎子属变温动物，温度对蝎子的作用最为显著，蝎子的生长发育、交配繁殖等一系列生命活动完全受温度的支配。

温度对蝎子的影响具体表现为五种情况（图13）：

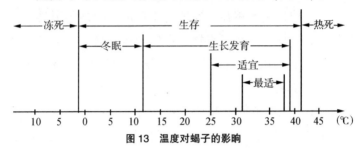

图13　温度对蝎子的影响

1）生存温度：在-2~42℃。蝎子在此温区内能够生存，但是，在-2~0℃和40~42℃时，存活时间很短。

2）生长有效温度：在12~39℃。蝎子在此温区内能够生长发育。

3）适宜温度：在25~39℃。这是蝎子生长发育的较理想温区，蝎子的交配、产仔都在此温区内进行。

4）最适温度：在32~38℃。此温区内，蝎子机体活动处于最佳状态。

5）冬眠温度：在-2~11℃。

由此可见，无冬眠养蝎最宜将室内温度控制在32~38℃。

由于日光温室是借光式温棚和加温温室的统一，因而日光温室具有"白天借光，夜间加温"的特点。这就要求我们做好以下三个方面的工作：

第一，及时揭起草苫，争取较多光照。在无云层遮挡的晴天，通过塑料薄膜进入室内的光量多且强，室温升得高且快。即使严冬，室温亦可高达 40℃ 左右。阴天由于受云层遮挡，通过塑料薄膜进入室内的虽然只有散射光，但是，对提高室温也有一定作用。因此无论晴阴，都要及时揭起草苫，争取更多的光照。

第二，认真掌握夜间人工加温技术。采用燃料加温的，冬季在晚上 6 时左右起火，凌晨 5 时左右将火压小。夏季白天室温较高，夜晚若保温措施得力，室温亦不会低于 25℃，故可以停止人工加温。

第三，搞好自然采光和人工加温的接替工作，保持温度恒定。以冬季的管理为例，此项工作可分为 4 个阶段进行：第一阶段，早上 9 时左右，太阳升起后揭起草苫，通过自然采光使室温升高，此时停止人工加温；第二阶段，到下午 4 时左右，太阳偏斜，室温开始下降，盖上草苫，盖苫后，由于部分地阻隔了室内热量外逸，室温将会上升 1~2℃，以后随着室外气温下降，室温开始降低；第三阶段，由于室温下降，至晚 6 时左右，室温接近适宜温度下限，开始人工加温；第四阶段，黎明时，将火压小，太阳升起后，揭开草苫采光。上述 4 个阶段合理安排，周而复始地接替进行，就能使室温恒定。

盛夏高温时节，草苫应适时揭开，以便采光。为了避免室内因强光的照射而产生高温，可在温室顶部遮上遮阳网，以阻挡部分光线的进入。遮阳网距室顶应在 1 米左右。

由于温室内的环境特点，如果管理不当，高温、低温会反复出现，将会影响蝎子的正常生长发育，甚至造成产蝎难产死亡、蜕皮幼蝎不蜕皮或半蜕皮而死亡。因此，室内温度应相对稳定，起伏应控制在6℃左右。

（2）湿度。湿度很大程度地影响着蝎子的生长发育。蝎窝内的土壤湿度应在10%~20%，最适宜的土壤湿度为15%~18%。土壤湿度可用炒干法进行测算。测算方法：从蝎窝内取样土若干，称重后放入铁锅内炒干（或用烘箱烘干），再称重。然后，按照"土壤湿度 = $\dfrac{湿土重量-干土重量}{干土重量}$ × 100%"的公式，即可计算出蝎窝内的土壤湿度。大气相对湿度适宜控制在60%~85%，可用干湿温度计进行测量。

蝎子在不同发育阶段对环境湿度的需求也不一样，例如孕蝎需要较小湿度，而产蝎与仔蝎则需要较大湿度。温室内的环境湿度可根据需要人为地进行调节。若湿度小了，可向垛体滴水、渗水，向地面洒水或放置水盆蒸发增湿；湿度过大时，可通过加温蒸发或加强空气流通促使室内水分散失。

日光温室内属于半封闭环境，室内气流相对稳定，水分蒸发扩散较慢。室内的湿度与温度的关系极为密切。在同一条件下，湿度随温度的变化而变化。一般说来，温度较高时，水分蒸发快，湿度往往较小；温度较低时，水分散失慢，湿度则较大。具体说来，湿度和温度这一对矛盾并存会出现4种情况：

1）低温高湿。低温下，蝎子活动量小，代谢能力差，不需要那么多水分。由于喜湿，蝎子会纷纷从垛体上爬到地面上。长时间如此，极易导致蝎子尤其2龄和3龄蝎子成片死亡。同时，长期低温环境极易造成蝎子消化不良。

2）低温低湿。环境温度和湿度都很低，二者呈现平衡局面。此状况下，蝎子虽然不会大量死亡，但生长发育会受到抑制，如蝎子蜕不了皮，会长成"小老蝎"。

3）高温低湿。高温下，蝎子活动量大，体表水分蒸发量大，而外界及体内的水分不能满足自身需求，会引起脱水死亡，甚至激化蝎子的种内竞争。

4）高温高湿（在合理的范围内）。此状况下，蝎子最活跃，蜕皮最快，生长发育最好。

注：这里所说的高温、低温、高湿和低湿，均指蝎子机体活动所需要的适温和适湿的相对高和低。综上所述，可以看出，相对的高温高湿对蝎子的生长发育最为有利。

在日常操作中，湿度大小应与温度高低成正比，即温度较高时，湿度相应地大些。温度高了，若不及时加湿，必然会出现干燥现象；湿度增大了，若不及时加温蒸发，必然会出现高湿现象。在加温的同时要随时注意湿度的变化，在增加湿度的同时要经常观察温度的变化，以协调好二者的关系。

（3）光照。俗话说"万物生长靠太阳"。光照不仅是影响蝎子生长发育的重要条件之一，同时也是提高室内温度的能量来源之一。

光照对蝎子的作用主要体现在以下几个方面：第一，增加温度，加快蝎子的生长发育，经过太阳照射后，室温升高了，垛体温度升高了，相应地，蝎子的代谢水平提高，生长发育就会加快；第二，阳光中的紫外线能有效地杀灭垛体及蝎窝内的某些有害微生物，能抑制蝎子生物性疾病的发生；第三，光线对蝎子活动有明显的支配作用，自然光的长期作用形成其昼伏夜出的活动规律。

由于所处的地理位置不同，全国各地日照时间也不一致。中南地区日照时间冬季约 9 小时，夏季约 13 小时。

日光温室由于受到墙体和中柱的遮挡、塑料薄膜的反射和吸收等因素的影响，室内的光照时间和强度都明显小于室外。为了充分利用阳光，可以采取下列措施改善日光温室内的光照条件：

1）建造日光温室要选择有利地势，温室结构要合理，使室内各部位均能获得最长的光照时间。

2）采用耐老化无滴塑料薄膜。选用塑料薄膜一定要严格，若采用普通的有滴塑料薄膜覆盖，在密闭条件下，塑料薄膜的内表面会形成一层细薄的小水珠。水珠为冷凝水，对阳光具有散射和吸收功能，会使室内的光透量减少30%左右，严重影响室温的提高。另外，水珠凝聚到一定程度时会下滴，对蝎子生长造成不利影响。可选用聚氯乙烯膜（PVC），该膜适温性能强，耐高温日晒，阻挡地热辐射能力强，夜间保温性能好，弹性好，且使用寿命较长。

3）经常擦抹塑料薄膜表面，保持膜面光洁。

4）适时揭开草苫，争取更长的光照时间。

（4）空气。蝎子有呼吸功能，需要不断地进行气体交换，吸收外界空气中的氧气，同时排出体内产生的二氧化碳。

温室内长期处于半封闭状态，空气流通不畅。为了保证有足够供蝎子呼吸的新鲜空气，要注意加强室内的空气流通。

温室内的空气和温度也是一对矛盾：温度高了，蝎子代谢旺盛，气体交换的频率加速，若空气流通不畅，必然会产生气闷；若空气流通过畅，室内温度必然下降。天窗和主火道两侧设置的进气孔就能比较好地解决这一问题，既加强了空气流通，保证了有足够的新鲜空气，又不会因空气流通而降低室温。

（5）养土。蝎子大部分时间都在蝎窝内生活，其活动和栖息都离不开养土。

养土主要由固体颗粒组成，其温度、湿度、通气性能、化学成分都不同程度地影响着蝎子的生活。由于各种类型土壤的物理性状有差别（表10），所用的养土要选择物理性状好的壤土。乡村养殖户亦可用老墙土作为蝎窝中的养土。

表10　各种类型土壤的物理性状及对蝎子的影响

土壤种类	物理性状	对蝎子的影响
黏土	通气性差，透水性差，持水量大	不利
壤土	通气性好，透水性适中，持水量适中	有利
沙土	透水量大，持水量小，易塌陷	不利

蝎窝中的养土使用一段时间后，在温室内的高温高湿环境下，由于剩余食物腐烂、蝎子排泄物堆积、水分的蒸发与增补等因素的影响，土壤的物理性质和化学性质都会发生改变。所以，蝎窝中的养土要定期更换，一般每年更换一次。

（6）垛体。垛体是蝎子栖息和活动的主要场所，由砖、瓦片等材料按一定格式构成。蝎子的生长发育、蜕皮以及交配都离不开垛体，因此垛体的结构必须科学合理。

建造垛体要符合以下几个原则：

1）垛体占地面积不大于蝎窝底面积的 2/3，留出一定的区域，为蝎子活动和捕食创造空间，提供便利。

2）垛体有一定的高度（高度由垛体材料而定）。由于温室内不同区域、不同高度的温度有差异，所以能形成同一垛体的不同高度、不同部位有温差（温差不大于 5℃），从而有充分可供蝎子选择的活动区域。

3）垛体要设计许多缝隙，形成许多小空间，给蝎子创造优越的栖息环境。小空间增多了，相对而言，就等于减小了蝎子的饲养密度，从而能解决人工养蝎由于密度大、蝎子间相互干扰严重的问题。

4）垛体能自动加湿，并且能够较好地保持湿度。垛体一般 1~2 年更换一次。

建造垛体使用的材料经过消毒处理（可放入 0.1% 的高锰酸钾溶液中浸泡）后再使用。需要注意的是，高温高湿的环境下，砖、瓦片中的亚硝酸盐容易析出，会使蝎窝酸化，对蝎子生长发育造成不利的影响。所以，垛体用的砖、瓦片要定期更换。

（7）食物。蝎子生长发育、交配繁殖等生命活动能够顺利进行的前提条件是自身必须具备机体活动所必需的营养物质。这些营养成分主要有蛋白质、脂肪、碳水化合物、维生素、水分、矿物质等。

1）蛋白质。蛋白质是含氮的有机化合物，它是构成蝎体细胞的基本物质。蛋白质在蝎体细胞内的含量高、种类多，蝎体各种组织和器官，如肌肉、神经、表皮、血液等均以蛋白质为主要成分。蝎体内的活性成分（如酶、激素）的基本成分也是蛋白质，这些物质参与并调节机体内的新陈代谢过程。旧细胞的死亡和新细胞的形成都要消耗大量的蛋白质。因此，蝎子必须经常从食物中摄取蛋白质来供给自身新陈代谢的需要。蛋白质供应不足，就会导致蝎体营养不良，体重下降，生长缓慢，繁殖能力低下，抗病力弱。

2）脂肪。脂肪由碳、氢、氧三种元素构成，其营养作用非常重要。脂肪不仅是蝎体组织的主要组成成分，还是蝎体能量的重要原料，可供给蝎体所必需的脂肪酸。同时，脂肪也是脂溶性维生素（如维生素 A、维生素 D、维生素 E）的良好溶剂。如果缺少脂肪，就会影响蝎体对脂溶性维生素的吸收和利用。

3）碳水化合物。碳水化合物是由碳、氢、氧组成的另一类有机化合物的总称。它是构成蝎体组织不可缺少的成分，虽然在蝎体内所占比例很小，但有着重要的营养作用：蝎子摄入的碳水化合物，除供给热量，一小部分转变为糖元外，多余的就转化成脂肪贮存起来。在营养不足时，这些脂肪就会自动转变为代谢基质，加以利用。

4）维生素。维生素是蝎子生命活动必需的物质，在物质代谢过程中起着重要的催化剂作用。蝎体内缺乏维生素，会引起代谢紊乱、生长停滞、抗病力弱，同时也影响蝎子的繁殖功能。

5）水分。蝎体内含水量很大，据测定成蝎体内含水量约占体重的55%。水分在蝎体内以两种形式存在：一种是游离水，它们存在于细胞之间，很容易被挥发；另一种是吸附水，它们和细胞内的胶体质紧密结合在一起，常温下不易失去。

水分不仅是蝎体的重要组成部分，而且还具有一定的生理功能。表现在：第一，各类营养物质溶于水后才能被蝎体消化吸收，产生的废物也必须溶于水后才能被输送到排泄器官而排出体外；第二，蝎体内活动产生的热量一部分可被水分吸收，再由水分通过体表或书肺呼吸而散发掉，从而可以防止蝎子体温过高；第三，水分在物质代谢的化学反应中起主要作用，参加有机物的合成及细胞的呼吸过程；第四，水分使蝎体组织具有一定的形态、硬度及弹性；第五，水分起润滑作用，如关节在关节液的作用下就容易活动。

6）矿物质。蝎体内矿物质含量较少，目前已知有20余种矿物质对蝎体起作用，如钙、磷、钠、硫、钾、镁、铜、锌等。它们参与机体的多种生命活动，是保证蝎子健康生长、顺利繁殖必不可缺的营养物质。矿物质的作用体现在三个方面：第一，组成蝎体的多种酶；第二，构成蝎体的软硬组织，如蝎子体表角质膜中就有较多的钙；第三，调节血液等体液的酸碱度和神经、肌肉的兴奋性。

营养全面、丰富、充足是蝎子健康生长发育和顺利交配繁殖的前提条件。而蝎子对营养的获取，取决于食物的供给。为了使蝎子获得全面、丰富、充足的营养物质，在选择蝎子的食物时，要科学检测、严格筛选。选择蝎子的食物必须符合下列原则：第一，蝎子喜欢吃，且能促进其生长发育；第二，来源丰富，价格低廉，可大量供应（有的饲料虫，如蜘蛛、蜈蚣等，虽然蝎子喜爱吃，但它们属于肉食性动物，不便于大规模饲养，可选择植食性的昆虫进行饲养）；第三，能够长时间和蝎子共处而且不污染环境。

为了避免因食物品种单一而造成蝎体营养不良，饲养蝎子时要投以组合饲料虫，使蝎子能摄取到全面、丰富的营养，从而加快其生长发育，增强繁殖能力。根据蝎子喜爱吃的饲料虫所含的营养成分，结合上述原则，黄粉虫、地鳖、舍蝇等几种饲料虫可以作为蝎子的最佳食物。

投喂食物时，应做到高密度、全方位投放，以便使蝎子无论在任何时间、任何地方都可以吃到可口的食物。

上述 7 个方面的因素共同构成了蝎子的生态环境。它们密切联系，相互作用，共同影响着蝎子的生长发育，其中任何一个因素出现问题，都会对蝎子的生长发育造成不利的影响。因此，在饲养管理过程中，这 7 个因素都不可忽视，应该面面俱到，充分发挥各方面的特定作用。

5. 蝎子的蜕皮

蜕皮是蝎子生长发育的标志，是个体发育过程中的一个必要步骤。蝎子必须蜕去旧皮方能增长躯体。蝎子一生共蜕皮6次。由于生活环境的不同和蝎子个体的差异，除第一次在雌蝎背上蜕皮时间大致相同外，以后几次蜕皮所需的时间差异较大。

蜕皮前一周的蝎子处于半休眠状态，活动量减少，皮肤粗糙，体节明显，前腹部肥大。有的前腹部紧贴地面，时有摩擦。小蝎通过各种生理机制的调节，柔软的新皮在旧皮下生成。由于蝎子在蜕皮前吸收了大量的水分，体压增高，在促蜕皮激素的作用下，旧皮从头胸部的钳角与背板之间的水平方向裂开，先蜕出头胸部，附肢折叠于腹面。蝎体新蜕出的部分不断地扭曲、蠕动着，以此为动力，从头部至尾部依次蜕出。整个蜕皮过程历时约3小时。蝎子蜕皮后，伏地不动，各部分逐渐伸展开，可以明显看到蝎体增大。刚蜕过皮的蝎子身体柔软，有光泽，体色淡黄，肌肉娇嫩。几天后，体色加重，活动能力逐渐恢复，体重迅速增加。

蝎子蜕皮需要一定的条件：

1）有充足的营养和体力。

2）密度不可过大，尽量减少蝎子间的相互干扰。

3）场所要安静、隐蔽。

4）温度和湿度等生态环境要适宜。

满足上述条件，蝎子就可以顺利蜕皮。

由于刚蜕过皮的蝎子身体柔嫩，在食物缺乏的情况下，常成为其他蝎子的攻击对象。刚蜕皮的蝎子食欲也比较旺盛，因此蜕皮前后应将所有的蝎子喂足喂好。

6. 蝎子的交配

无冬眠条件下，正常发育的蝎子9个月左右趋于成熟，在适宜条件下就可以进行交配。

雌蝎发情后，会从体内释放出一种激素。雄蝎受到该激素刺激后，便开始寻找雌蝎进行交配。当雄蝎发现雌蝎后，便用触肢的钳紧紧钳住雌蝎的触肢不放，并将雌蝎拖来拖去，转圈爬行，形如舞蹈（图14）。雄蝎尾巴同时上翘，并不停地摇动，栉状器也不断摆动，以探索地面的情况，寻找合适的交配场所。若能找到平坦的石片或坚硬的地面则可以交配；否则，雄蝎就用第1、2对步足将身下的土刨细、铺平、踏实，为雌蝎受精做准备。该过程大约持续15分钟。

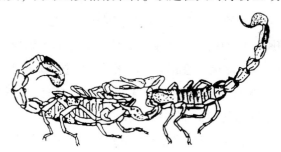

图14　蝎子交配寻偶时的舞蹈

接着，雄蝎全身抖动着将雌蝎拉紧，并伸过自己的头胸部与雌蝎的头胸部接触，然后翘起第1、2对步足交替抚摸雌蝎的生殖厣及其附近躯体。紧接着，雄蝎后腹部上下摆动，生殖厣打开，前腹部接近地面产出精荚，精荚牢牢粘在

地上。然后雄蝎
后退，并慢慢抬
起前腹部，精荚
随之全部抽出呈
70°角固着于地
面。与此同时，
雄蝎将雌蝎拉过
来，雌蝎的生殖
厣打开并前移。
当生殖腔触及精
荚尖端时，由于
雌蝎的活动，精
荚的上半部便插

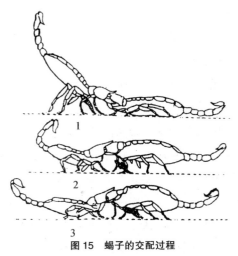

1
2
3

图15　蝎子的交配过程

1. 雄蝎将精荚产于地上　2. 雄蝎把雌蝎拉过来
3. 雌蝎生殖孔接触精荚

入雌蝎的生殖腔中，并随之破裂。雌蝎由于受到刺痛便猛然
后退挣脱雄蝎的钳制，使排空的精荚抽出倒于地面（也有
精荚全部进入雌蝎生殖腔不再出来的）。进入雌蝎体内的精
子与卵子结合形成受精卵。这就是蝎子的交配过程（图
15）。该过程需要10分钟左右的时间。

　　1只雄蝎短时间内能和2只雌蝎交配，特别强壮的雄蝎
最多会连续和3只雌蝎交配。雄蝎交配后，要待3个月后才
能再次同雌蝎交配。

　　雌蝎交配后，精子可在纳精囊内长期贮存。因而蝎子交
配一次可终生繁殖，但繁殖率逐年下降。

　　蝎子交配期的管理，关键在于创造适宜的外部条件，使

雄蝎和雌蝎能在良好的环境中顺利完成交配。这些条件是：

1）温度在 28~39℃。在这个范围内，温度越高交配成功率就越高。

2）避免强光照射。强光会使蝎子交配过程显著延长或中断，光线微弱能诱发其交配。

3）蝎子怕风，无风和微风天气有利于交配进行。

4）地面平坦、坚实，且有一定摩擦力，有利于固定精荚，能保证蝎子交配顺利完成。

5）蝎子胆小，怕惊扰，应为其创造隐蔽、安静的交配环境。

7. 蝎子的产仔

蝎子为卵胎生。在无冬眠条件下，受精卵在雌蝎体内 40 天左右便可完成胚胎发育。

孕蝎在临产前几天，由于生殖孔收缩而产生阵痛，因而表现为不安、少食或停食、不爱活动，只在夜间缓慢外出寻找产仔场所。临产时，雌蝎第 1、2 对步足相抱，栉状器下垂，第 3、4 对步足支撑地面，前腹部向前倾斜，触肢前伸且下垂，后腹部向上弯曲，背纹较为明显。

（1）隔离临产的孕蝎。产期蝎子严禁混养。原因是：

1）刚产下的仔蝎受到其他蝎子的干扰，就难以爬到母蝎背上（爬不上母蝎背的仔蝎不能成活）。

2）刚产仔的雌蝎受到其他蝎子的干扰，会烦躁不安，来回爬动，甩掉背上的仔蝎，导致幼蝎的成活率降低。

3）新生仔蝎有被其他蝎子咬伤、吃掉的危险。所以，应为孕蝎设置合理的产房。

（2）产房的类型。常见的产房有以下几种：

1）土坯产房。在一块长 40 厘米、宽 40 厘米、厚 6 厘米的土坯上挖若干个小坑，坑长 6 厘米、宽 4 厘米、深 3 厘米。一块土坯上能挖产坑 40 个左右，可供 40 只孕蝎产仔。土坯产房可以多层组放，每层之间留 3 厘米左右的缝隙。

2）水泥板产房。形状和土坯产房相同。可先制作模型，然后用细沙和混凝土制作。

3）木板巢格产房。用三合板边角料做成长 5 厘米、宽 7 厘米、高 10 厘米的方格，内壁上缘用塑料胶带粘贴。该产房可放于平坦的地面上。

4）广口玻璃瓶产房。罐头瓶等广口瓶作为产房也是比较合适的。

土坯产房和水泥板产房占地面积小，有一定的吸湿能力，可保证蝎子产期对环境湿度的需求。但是由于各产房相通，容易出现"串房"现象，较难控制相互干扰。而木板巢格产房和广口玻璃瓶产房，则能克服孕蝎相互干扰的问题。孕蝎在这两种产房里，有安静的环境，可以顺利产仔，同时仔蝎的安全也能得到保证。这样，就可以大大提高幼蝎的成活率。因此，最好采用木板巢格产房或广口玻璃瓶产房。

（3）孕蝎入产房前的准备。在孕蝎入产房前，应做好以下几项准备工作：

1）产房消毒。用 0.1%高锰酸钾溶液洗刷产房，晾干。

2）备养土。细壤土适量，拌水（湿度，18%左右）。

3）装养土。在产房内均匀摊养土近1厘米厚。

4）投饲料虫。每个产房投饲料虫4~6条，供雌蝎产仔期间食用。

当孕蝎有了临产征兆时，就要把它放入产房中待产。每个产房中放入1只孕蝎为宜。

雌蝎产仔时步足弯曲支撑地面，前腹部高高隆起，生殖孔张开，产出一个个米粒样的椭圆形小白团，这就是仔蝎。孕蝎每产4~5只仔蝎需休息片刻。平均一胎产25只左右，少则10只，多则30~40只，个别也有一胎产60只以上的。

刚产下的仔蝎体表有一层胎衣，半小时左右胎衣便自行破裂。仔蝎附肢内屈，后腹部向前腹部折叠，形如椭圆。约10分钟后，仔蝎体表逐渐干燥，附肢和后腹部慢慢地伸展开，然后攀母体爬上母背，头朝外尾朝内集结成丘状。前两天，仔蝎在母蝎背上抱团较紧密，而后逐渐松散。

初生仔蝎全身细嫩，体色乳白，几天后体色加深。5天左右在母蝎背上第一次蜕皮，而后变为淡褐色，10天后便可离开母蝎背独立生活。

雌蝎在产仔和负仔期间很少活动，全神贯注地监视、保护着仔蝎，以防仔蝎受到伤害。

当2龄蝎离开母蝎背以后，应及时进行母、仔分离。这是因为：第一，雌蝎在产期体力消耗很大，体液丧失较多，非常虚弱，亟待觅食补充，此时，产房内养土会变得干燥，食物也会出现短缺，雌蝎对已下地的幼蝎也会产生排斥性，如不分离，雌蝎在缺食缺水的情况下会攻击幼蝎；第二，大小混养，成蝎行动时会踏伤体壁柔嫩的幼蝎；第三，幼蝎从母体内带来的卵黄营养已消耗殆尽，分离饲养有利于幼蝎进食补充营养；第四，幼蝎和成蝎对饲料虫的要求不同，分开饲养便于管理。

（4）母、仔分离方法。下面介绍几种母、仔分离的方法。

1）挑拣分离法。幼蝎脱离母蝎背后，夜晚将外出活动的雌蝎用筷子或夹子拣出，剩下的幼蝎仍留在原蝎池中饲养。这种分离方法适用于土坯产房、水泥板产房和木板巢格产房。

2）玻璃板分离法。分离时，先用夹子把雌蝎取出放入另外池中饲养，再把幼蝎连同产房中的养土一起轻轻倒在饲养盆中的玻璃板（下垫玻璃瓶）上。幼蝎会慢慢向玻璃板边缘爬去，掉入盆中。然后，把玻璃板上的土倒掉。该法适用于广口玻璃瓶产房，每次可分离 5~6 瓶。

3）自动分离滑梯分离法。养殖规模大的，可利用"自动分离滑梯"将母蝎、仔蝎分离。"自动分离滑梯"修建方法：在蝎池内放一临时小玻璃盒式分离池，其底面高于原池10厘米，四周边缘与原池地面呈60°角斜坡铺上玻璃板（蝎子只能滑下而不能爬上），小池四壁由四块玻璃板粘成，四壁与池底留高0.3厘米的缝隙（只能容小蝎通过）。分离时，将产房中的母、仔蝎子一起倒入小池中，小蝎便会通过缝隙随坡滑入大池，而成蝎及养土则留于小池中。该法适用于广口玻璃瓶产房。

8. 蝎子的分龄饲养

各龄蝎子的生活能力、生长特点及对饲料虫的要求不同。为便于管理，在养殖过程中应对蝎子采取分龄饲养的方法。根据蝎子的龄期，可把蝎子的生长过程划分为仔蝎、幼蝎、青年蝎、成年蝎四个阶段。

（1）仔蝎的管理。仔蝎伏在母蝎背上不食不动，靠其体内残存的卵黄供应养分。

对仔蝎的管理，主要体现在加强对负仔雌蝎的管护上。此期的管理要注意以下几个方面：

1）给雌蝎供应足够的饲料虫，并投在雌蝎附近。

2）保持产房安静，尽量少翻动产房，以减少对蝎子的干扰，避免负仔雌蝎受惊扰后将仔蝎甩下背而造成仔蝎伤亡。

3）产室及产房的温度、湿度和通气性能都要控制好，创造有利于仔蝎生长发育的生态小环境。

（2）幼蝎的饲养。2~4龄的蝎子称为幼蝎。

幼蝎的成活率与生长速度关系到养蝎的成败。此期的饲养要点如下：

1）加强对2龄幼蝎的管护，为蝎子一生的生长发育奠定良好的基础。2龄幼蝎的饲养是蝎子生长发育过程中的关键时期，是蝎子在无冬眠饲养条件下的第一个生长阶段，这个阶段发育程度的好坏直接影响着蝎子一生的生长发育。由于2龄幼蝎体质柔嫩，对环境的适应能力较差，进入3龄难度较大。只有条件适宜，2龄幼蝎才能健康生长发育，顺利进行第二次蜕皮。对2龄幼蝎的管理要做好以下几个方面的工作：

第一，孕蝎进入产期，就要为幼蝎备足适口的小饲料虫。

第二，及时、足量投喂鲜活小饲料虫。2龄幼蝎食欲特别旺盛，可昼夜进食。如果缺食便会出现严重的群内竞争，相互残杀表现较为突出。2龄幼蝎口器小，捕食能力差，活动范围小，因而限制了对饲料虫的摄取。所以要做好2龄幼蝎的保育工作，应供给适口、营养丰富的小饲料虫，如小黄粉虫、小地鳖、舍蝇、小蟋蟀等。

第三，分期饲养，强化取食。为了保证幼蝎都能吃到食物，在母蝎、仔蝎分离后可把2龄蝎子放入暂养盆中分三期强化饲养。第一期，将幼蝎置于下铺湿度为15%的养土盆中，供应充足的饲料虫饲养20天左右，保证每只幼蝎能捕食饲料虫5~6条。第二期，在养土盆中放入适当的垛体材料，强化饲养7天左右，使其捕食更充分，摄取较多的营养物质。第三期，经过前两期的强化饲养后，2龄幼蝎腹部明显增大，体重有所增加，此时应把它们转入饲养池中饲养。池中空间大，密度小，可为幼蝎生长、蜕皮提供便利条件。

2）3龄幼蝎的管理。这个阶段的幼蝎活动敏捷，已具有攻击和捕食能力，食欲旺盛，代谢水平较高，是其一生中生长发育最快的时期，对饲料虫的适口性和营养性要求很强。在饲养过程中，应根据情况及时调整饲料虫的供给。

3) 防止幼蝎外逃。幼蝎攀附能力较强，且体小质嫩，逃出后难以捕捉，应做好幼蝎的防逃工作。

4) 控制饲养密度。密度过大，会增加幼蝎之间的相互干扰，影响它们的栖息和蜕皮，摄取饲料虫也将受到限制，还可能造成群内竞争，降低成活率。

5) 设计合理的垛体。最好用小瓦片竖放码成椭圆形垛体，以 4~6 层为宜，中间部分用蝎窝土填充（蝎窝土过筛、消毒）。这样的垛体缝隙多，缝隙空间小，幼蝎能各得其所，可避免众多幼蝎进入同一缝隙内相互干扰。

6) 垛体可采用自动加湿的方法处理。在垛体上方吊一个小塑料桶，用输液管把桶里洁净水滴注于垛体中间的蝎窝土中，水再通过蝎窝土传导给垛体上的瓦片。用这种加湿方法，垛体上层较湿润，下层较干燥，内圈较湿润，外围较干燥，从而形成一定的湿度差别，幼蝎可以自由选择所需要的场所。

7) 土壤加湿可采用渗漏式加湿法。具体做法是在地面下 10 厘米处，每隔 50 厘米埋一根塑料管。管壁上凿许多小孔，管头连接下半部埋在地下的小容器（废旧易拉罐即可）。小容器内的水不断通过管壁上的小孔，均匀地渗透入土壤，可较好地保持土壤湿度。

(3) 青年蝎的饲养。4~6 龄的蝎子称为青年蝎。这个阶段的蝎子已进入生殖发育阶段，对饲料虫的营养性和适口性要求都较为严格。因此，对青年蝎应特别重视投食管理。除供给充足的新鲜、洁净、高营养的食物外，还要勤观察它们进食的情况，发现异常情况要及时处理。青年蝎是进行种蝎选留及提纯复壮的最佳时期，要不失时机地抓好这项工作，为搞好繁殖打下良好的基础。

（4）成年蝎的饲养。成年蝎性已成熟，具有交配、繁殖能力。这个时期的饲养管理应注意以下几个方面：

1）增加投喂饲料虫的次数，坚持"多投少量"（每天投喂次数要多一些，每次投食量要少一些）的原则。特别是在夜晚 8～11 时蝎子进食高峰期，每小时应投喂一次。

2）合理控制环境温度和湿度，调控光照和通风，创造良好的生态环境。

3）加强对种蝎的管理。优良成年蝎即可作为种蝎使用。

种蝎的管理意义重大，要注意以下几点：

第一，按时备足优良种蝎。当蝎子进入交配期时，要精挑细选足量的种蝎，专池精心饲养，使雄蝎体格健壮、精力充沛，雌蝎肥胖。

第二，创造适宜的交配条件，使每只雌蝎都能交配受孕。

第三，在蝎池的不同地方放置若干个小水盘供蝎子饮水。水盘内放入适量小石子或碎瓦片（经过消毒处理），以防蝎子接触大量明水。蝎子在正常情况下一般不饮水，但在繁殖期，孕蝎的生理活动对水分的需求量增大，需适量饮水。饮用水应每天更换一次。

第四，在孕蝎临产前应准备合适的产房，并做好孕蝎入产房的准备工作。

第五，尽量避免噪声、振动以及刺激性气味对蝎子的干扰；否则，会引起孕蝎躁动不安，而形成死胎或流产。

第六，幼蝎下地后，适时进行母蝎、幼蝎分离饲养。

第七，做好种蝎的育肥复壮工作。雌蝎产后体质较弱，需要觅食补充，应及时供食，使其在较短时间内增肥复壮。雌蝎产后得到恢复，即可适时投入适量的优良雄种蝎进行复配，以便为下次繁殖奠定基础。

九、人工养蝎子常见的问题

自然界的任何一个物种，只要有充足的饲料，适宜的环境，没有天敌的侵袭，没有疾病的危害，它必定会大量繁衍。

众多养殖户之所以失败，是因为没有能够很好地满足上述条件。下面谈谈蝎子饲养中常见的问题，也是笔者养蝎多年的经验之谈。

（一）饲料虫品种单一

绝大部分养殖户都是以黄粉虫作为蝎子的唯一饲料虫。蝎子如果只食用黄粉虫，是不能全面摄取所需要的各种营养成分的，必然会导致营养不全，影响其正常生长发育。黄粉虫活动不太灵敏，被蝎子发现的机会相对较少。这样，往往会导致蝎子摄入的食物不足。这是因为蝎子的眼睛只是一个感觉器官，只能感光而不能成像，在距蝎子10厘米处设置障碍物，蝎子视而不见，还是一直往前走。只有接触到障碍物，行动受阻时，它才会改变行走路线。黄粉虫处于静止状态，在距蝎子3厘米的地方，蝎子也发现不了它。只有双方互相接触时，蝎子才能将它捕食。把舍蝇和鼠妇虫一起放入蝎池内，舍蝇飞翔时空气发生振动，蝎子马上就捕捉到它。但是鼠妇虫则能长期生存而不被蝎子攻击。这说明活动灵敏的饲料虫容易被蝎子捕食，活动量不大的饲料虫反而难以被蝎子捕捉到。我们在蝎子捕捉饲料虫方面做了大量试验（表11），其结果证明：蝎子捕捉饲料虫，主要是靠感觉身边空气振动来发现目标的。

由此可见，如果看到黄粉虫有部分剩余，就认为蝎子吃饱了，不用再投放饲料虫了，或者认为是投喂次数过多，就隔3天或5天投喂一次，这些都是完全错误的。因为那些残留的黄粉虫并不是蝎子吃饱了以后剩下来的，而是它活动量小，没有被蝎子发现。

蝎子捕食饲料虫是增加体内水分的主要渠道之一。长期缺食，会导致蝎体严重缺水。当蝎子又饥又渴时，就会发生激烈的群内竞争，出现弱肉强食的现象：强食弱，大食小，正在蜕皮或刚蜕皮尚未恢复正常的蝎子也会被其同伴吃掉。所以，单靠以黄粉虫作蝎子的食物是远远不够的。应该同时投放地鳖、蟋蟀、蝗虫、舍蝇等活动较灵敏的饲料虫，以便于蝎子有更多的机会捕食到各种饲料虫，从而摄入全面、丰富的营养。

表 11　蝎子捕捉各类饲料虫试验情况统计表（1995 年）

种类＼内容／次数	一 月、日	一 投喂量（千克）	一 剩余（千克）	二 月、日	二 投喂量（千克）	二 剩余（千克）	三 月、日	三 投喂量（千克）	三 剩余（千克）	四 月、日	四 投喂量（千克）	四 剩余（千克）
雄地鳖	3.9	0.53	0.01（死）	3.12	0.74	0.02（死）	3.15	0.47	0	4.2	0.64	0.15（死）
雌地鳖	3.9	1.27	0.93	3.12	1.14	0.93	3.15	0.90	0.65	4.2	1.38	1.14
蝇蛆	6.3	0.78	0.75	6.5	0.70	0.62						
鼠妇虫	6.6	0.34	0.32	6.8	0.70	0.65	6.10	0.27	0.25			
蚯蚓	4.7	0.24	0.24	4.11	0.70	0.70						
黄粉虫	4.7	1.23	0.85	4.11	1.16	0.83	4.15	1.00	0.74	4.19	0.85	0.51
蟋蟀	8.2	1.20	0.13（残肢）	8.3	0.89	0	8.10	0.80	0	8.15	0.84	0
蝗虫	8.10	1.30	0.47（残肢）	8.15	0.97	0.22（残肢）	8.18	1.23	0.56（残肢）	8.20	0.84	0.28（残肢）
舍蝇	9.5	0.27	0.02（死）	9.7	0.30	0.03（死）	9.10	0.18	0			

（二） 生态环境不适宜

无冬眠养蝎首先要创造适宜的生态环境，这是必要的前提。在这方面，常见的问题有：

（1）室内温度偏低，常维持在 25℃ 以下。蝎子的生命活动受温度影响极大，在这样的温度下蝎子虽然不会休眠，但是食欲很差，消化能力也很弱，几乎不吃投喂的饲料虫。长期如此，蝎体内营养消耗殆尽，得不到及时补充，严重抑制着蝎子的生长发育，甚至会形成慢性脱水，或者引起死亡。

（2）加湿方法不正确。洒水或喷水的加湿方法有很大缺陷，刚加过水时湿度较大，地面会出现积水或形成稀泥。蝎子虽喜湿，但怕水，这样的环境会对蝎子造成伤害。同时，加水量大了，容易使温度下降；量小了，湿度不易保持。喷水、洒水还会惊扰蝎子，影响其正常生命活动。

（3）温度、湿度控制不好。温度和湿度的关系协调不好，经常出现低温低湿、低温高湿、高温低湿等不利于蝎子正常生活的现象。蝎子在低温低湿的环境下，生长发育受到抑制；低温高湿，很容易产生霉菌性疾病或腹胀；高温低湿，会造成慢性脱水而死亡。

（4）垛体设计不合理。垛体缝隙较少，缝隙空间较大，众多蝎子挤在一个缝隙内栖息，造成相互之间的严重干扰，蝎子交配、蜕皮等活动也会受到影响，因而出现发情蝎子交配失败、蜕皮蝎子遭其他蝎子攻击等现象。

（三）缺少防御天敌侵袭的有效措施

对蝎子危害严重的天敌是老鼠、黄鼠狼、蚂蚁等。老鼠、黄鼠狼如果进入蝎池，很短时间就会造成巨大损失。蚂蚁在温室中容易繁殖，因其躯体小，常群居，一旦发生，防治较难。蚁群对蝎子危害很大，往往会咬死咬伤刚蜕皮的幼蝎和产后体力较弱的雌蝎、老蝎、病蝎。在整个饲养过程中，都应重视对天敌的防御工作。发现这方面的问题，应立即采取有效措施加以克服，以免造成较大的损失。

（四）缺乏防治疾病的知识和手段

蝎子抗病力虽强，但不是说就不会发生疾病。有的人只重饲养，不重视疾病防治，在建造温室、蝎池、垛体、投放养土和饲料虫、放置器械等操作过程中，不严格按照规章办事，往往会给疾病的发生埋下隐患。加之疾病发生后治疗不及时，或者措施不得力，就会造成很大的损失。因此，在饲养过程中必须严格遵守操作规程，还应学习、掌握防治疾病的知识和技术。

十、蝎子的病害、敌害及防治

（一） 蝎子的病害及防治

蝎子的生命力很旺盛，生活能力也很强，一般很少生病。但是，因受诸多因素的影响，蝎子发生疾病就在所难免。蝎子的常见疾病有以下 7 种。

1. 黑肚病

黑肚病又称体腐病。

（1）病因。蝎子食用霉烂变质的食物或者饮用了污水。

（2）症状。患病早期，蝎子前腹部呈黑色，腹胀，活动减少，食欲不振。接着，病蝎前腹部出现黑色腐烂现象，用手轻按会有黑色污秽黏液流出。蝎子病发后很快就会死亡。死蝎躯体松弛，组织液化。

（3）预防。该病的预防应做到以下 3 点：第一，保持饲料虫鲜活、用水清洁；第二，及时清除蝎池中饲料虫残骸，以消除污染源；第三，发现病蝎，立即翻垛、清池，拣出病蝎，并对蝎池全面喷洒 0.1%的来苏儿溶液进行消毒。对病死的蝎子要焚毁尸体，防止病菌感染蝎群。

2. 斑霉病

（1）病因。蝎子栖息环境过于潮湿，且气温较高，使真菌在蝎体上寄生感染而致病。尤其在阴雨时节，饲料虫过剩会发生霉变，容易使真菌大量繁殖。

（2）症状。病蝎的头胸部和前腹部出现黄褐色或红褐色小点状霉斑，并逐渐向四周扩散。患病初期病蝎表现极度不安，后期活动减少，呆滞，不食，几天后死亡。尸体内充满绿色霉状丝体集结而成的菌块。

（3）预防。该病以预防为主，方法是：

1）调节环境湿度，定期晾晒垛块，在垛体湿度不大的情况下，亦可用0.1%的来苏儿溶液喷洒消毒。

2）死亡的饲料虫要及时清理，防止饲料虫发生霉变。对病死蝎子要焚尸处理。

3. 腹胀

腹胀又称大肚子病。

（1）病因。蝎子进食过量，由于环境温度偏低，造成消化不良。该病多发生在早春和晚秋低温时节。

（2）症状。肚大，腹部隆起，活动迟钝，不进食。发病半月左右死亡。

（3）防治。早春、晚秋注意蝎窝的防寒保暖，保证蝎子消化能力正常。发现蝎子患此病，可在短时间内停止供食并加温，促使蝎子活动，以便使蝎子增强消化、吸收能力，加快对体内贮存的过量营养物质的消化吸收。

4. 脱水

蝎子脱水有两种情况：慢性脱水和急性脱水。

（1）慢性脱水。又称枯尾病。

1）病因。长时间缺食，生活环境长期干燥。

2）症状。发病初期，蝎子后腹部末端出现黄色干枯现象，并逐渐向前蔓延。当病状蔓延至尾根时，病蝎很快就会死亡。

3）预防。经常供给足够数量的含水量较高的鲜活饲料虫，把环境湿度控制在适宜范围内。

4）治疗。取一大塑料盆，盆内放养土若干，垒放砖或瓦片，养土和砖瓦的湿度可增大在 20% 左右。将病蝎放入盆中饲养，同时投以含水量高的鲜活饲料虫。养土和砖瓦保持湿润，既不能干燥，又不可出现明水。饲养半个月左右，病蝎体内水分就会得到补充，症状就会缓解。蝎子病愈后，再将其放回饲养池中饲养。

（2）急性脱水。又叫麻痹症。

1）病因。高温高湿突然来临，在热气蒸腾下造成蝎子麻痹瘫痪。

2）症状。初见蝎群躁动不安，继而病蝎出现肢体软化、尾部下拖、体色加深、功能丧失等麻痹瘫痪状况。该病病程极短，从蝎子发病到死亡一般不超过 3 小时。

3）预防。养殖时注意调控环境温度和湿度，防止 40℃ 以上的烘干性温度和高湿同时出现。

4）治疗。发现此病症，立即通风换气，采取措施降低温度和湿度。同时将所有的蝎子捕出，给予紧急补水的方法给蝎子补水，具体方法是在 35℃ 左右的温水中加入 1% 食盐和白糖喷洒在蝎体上。

5. **流产**

（1）病因。孕蝎受到惊吓、摔跌、挤压。

（2）症状。孕蝎慌乱不安，来回爬动，并产出早产仔蝎（大多难以成活）。

（3）预防。产室要保持安静，蝎子怀孕后期禁止惊扰。另外，最好让孕蝎在单产房中产仔。

6. **死胎**

（1）病因。

1）妊娠中、后期生活环境长期干燥，且饲料虫含水量过低或因雌蝎衰老，组织器官功能退化，体液失调。

2）孕蝎受到机械性损伤或其他物理性伤害、化学性刺激。

（2）症状。孕蝎产下高粱米大小浅黄色颗粒。

（3）预防。死胎是蝎子繁殖期较常见的一种疾病，死胎的出现极大地降低了蝎子的繁殖率。预防措施有3条：第一，避免使用衰老雌蝎做种蝎；第二，加强日常管护，避免种蝎受到意外伤害；第三，为妊娠期雌蝎创造适宜的生活环境，避免出现干燥、缺食现象。

7. **蝎螨病**

蝎螨病是严重危害蝎子的一种寄生虫病。

病原与流行特征：本病由蝎螨（又称蝎虱）寄生引起。蝎螨成虫有针尖大小，白色，用普通放大镜即可看清。虫卵呈灰白色半透明圆形或椭圆形颗粒状。蝎螨喜高温怕低温、喜潮湿怕干燥，易在闷热多湿的环境中繁衍滋生。在气温

30~36℃、空气相对湿度85%左右环境中，每只雌成虫可产卵200多粒，经十几天就能从卵发育为成虫。在常温养蝎条件下，蝎螨病多发生于湿热的夏季，春季和中秋以后极少发病，冬季未见发生。

在人工养蝎条件下，环境高温高湿、蝎窝土污染、饲料虫如黄粉虫和地鳖带螨均易引起蝎房内螨虫滋生。

（1）症状。蝎螨常寄生于蝎的步足、前腹部两侧及后腹部的节间缝隙中，在寄生处形成面积不大的黄褐色斑。病蝎在早期表现不安，活动量增大，后期活动减少，行动迟缓，捕食困难，食欲不振，逐渐消瘦，日久则致死亡。

（2）防治。

1）合理控制蝎房内的湿度和温度，搞好环境卫生，及时清除死蝎、死虫及其他垃圾，避免蝎窝土污染。

2）每1~2周用0.1%~0.3%的高锰酸钾溶液对食盘、饮水器具浸泡消毒一次。地鳖、黄粉虫等易携带螨虫，故它们的养殖环境也要做好防螨、灭螨工作，尽可能杜绝蝎房内发生虫源性螨虫传播。

3）发现蝎子感染蝎螨后，及时通风降温、降湿，使蝎窝内干燥一点。及时拣出病蝎，实行隔离治疗。

4）用3%氯化钠溶液或天然、高效、低毒、低残留的蜜蜂用杀螨剂喷雾，杀灭蝎螨成虫和虫卵。蜜蜂用杀螨剂有多种型号的制剂可供选用，最常用的为杀螨剂一号，临用前取1支加水稀释至500毫升喷雾。利用杀螨剂对病蝎除螨时，喷雾器要保证雾化良好，分别对着病蝎的腹部、背部各喷一下，每 3 天喷一次，然后把蝎子放进无螨虫污染的新的饲养瓶中。一般连喷 3~4 次可彻底清除蝎螨。用于喷洒蝎池、垛体时，使物体表面有一层极细的雾滴即可。

5) 利用淡漂白粉液（有效氯含量≤250 毫克/升，不应有明显的氯气气味）对环境进行喷雾，也有很好的消毒、杀螨作用。

6) 用土霉素 0.5 克或复方新诺明 0.5 克，溶于水后拌入 500 克麸皮中饲喂病蝎，至痊愈为止。

总之，从上面几种疾病的病因可以看出，蝎子各种疾病的发生均是由生活环境不适宜所致。适宜的生态环境必定会避免各种疾病的发生。所以，预防蝎子发生疾病的科学而有效的途径就是改善蝎子的生态环境。

（二）蝎子的天敌及防御

无冬眠养殖的蝎子较为集中，受天敌侵害的机会较大。

蝎子的天敌主要有壁虎、老鼠、蚂蚁、黄鼠狼、家禽、飞鸟、蛇、蛙等。

1. 壁虎

壁虎指（趾）端有盘状指（趾）垫，能在光滑的物体上爬行。它行动敏捷，舌宽，能伸出捕食，善钻隙，不容易被人们发现。壁虎抗毒，不惧蝎子蜇刺。它主要危害幼蝎。

预防壁虎的危害，应以人工捕捉为主。另外，要经常检查室内墙壁，发现孔洞及时堵塞，防止壁虎入室。在蝎池上方罩以窗纱也是有效的方法。

2. 老鼠

老鼠善爬高，能打洞，它不但危害蝎子和蝎子的饲料虫，而且破坏养蝎设施。

鼠害防御要做到经常打扫拉圾等杂物，消除老鼠的藏身之地；饲养室及蝎池内打水泥地板或铺砖，以防老鼠打洞入内。发现老鼠，可采用药物（灭鼠药）、器械（鼠夹、电子捕器、捕鼠笼等）、人工捕杀等手段加以消灭。

3. 蚂蚁

蚂蚁不仅抢食蝎子的饲料虫，而且会群集攻击、蚕食蝎子，对幼蝎和正在蜕皮及刚蜕完皮未恢复活动能力的蝎子危害较大。

由于湿度适宜，蚂蚁在温室内繁殖很快。所以，要特别注意从以下几个方面预防蚁害：第一，建养蝎池以前，地面土层要夯实，防止蚂蚁打穴进入；第二，蝎池所用的养土要检查有无蚂蚁和蚁卵；第三，蝎子入池前，用磷化铝片熏蒸蝎池（要做好个人防护，避免吸入中毒），可预防蚁害发生。

饲养室或饲养池内出现蚁群，可采用下列措施进行处理：一是找到蚁穴，夯实穴口及其周围；二是用肉类、骨类或馒头块作诱饵，将蚂蚁诱聚其上，取出用火烧、开水烫等办法进行处理；三是将灭蚁药粉撒在蝎池四周，可在较长时间内收到防蚁效果，并可将蚂蚁毒死。灭蚁药可以自己制作，配方如下：萘（卫生球）粉 50 克、植物油 50 克、锯末 250 克，混合拌匀即成。

4. 其他天敌

除了壁虎、老鼠、蚂蚁外，黄鼠狼和家禽、飞鸟、蛇、蛙对蝎子的侵害也会时常发生。要时刻防备它们进入饲养区，一经发现要立即驱除。同时，要因地制宜搞一些防御设施。

十一、蝎　　毒

（一）蝎毒的提取和加工

蝎子的药理功能主要依赖于蝎毒。蝎毒对人类神经系统、心血管系统及能量代谢方面均具有广泛的药理作用，对肿瘤、疼痛、血栓等严重危害人类健康的疾病有特殊疗效。我国科学工作者已研究出蝎毒中的抗癫痫肽有抗惊厥作用。国外也开始用蝎毒治疗肿瘤和心脏病等疾患。

成年活蝎在受到激惹的情况下，出于防御或攻击的本能，会从毒囊中排出毒液。蝎毒的提取就是依据这个原理进行的。目前，人工采集蝎毒常用的方法有两种，即人工刺激法和电刺激法。

1. 人工刺激法

用一个夹子夹住蝎子后腹部第 5 节处，用细棒状工具轻轻碰撞它的头胸部或前腹部，毒针末端便会有毒液排出。也可用两个夹子进行采集：一个夹子夹住蝎子后腹部第 5 节，另一个夹子夹住一个触肢，蝎子即会排毒。

用人工刺激法获得的毒液清澈透明，但采毒量较少。

2. 电刺激法

电刺激法取毒是用高频弱电流刺激蝎子尾节，使蝎子毒囊腺体肌肉收缩，促其排毒。采毒的仪器采用药理生理实验多用仪的连续感应电刺激挡，调频 128 赫兹，电压 6~8 伏。用一个电极夹住蝎子的一个触肢，再用一个金属夹夹在蝎子后腹部第 5 节处，用另一个电极不断接触金属夹，便有毒液排出。若无反应，可在电极与蝎体接触的部位滴上几滴生理盐水。

电刺激法取出的毒液先后不同，第一滴毒液清澈透明，然后是乳白色，最后排出的毒液黏度较大。用该法取毒，单蝎排毒量较大。雌蝎一次可取 2.5 毫克左右，雄蝎一次可取 2 毫克左右。

蝎子的排毒量还与环境温度有关。当环境温度高时，蝎子机体处于兴奋状态，排毒量相应增大，反之则小。

为了保存、运输和使用方便，所提取的湿毒可在低温、真空、干燥的环境中加工成冷冻干粉。毒粉在干燥、避光、低温（4℃以下）条件下贮存，其品质可保持 5 年不变。

目前，蝎毒的应用尚处于研究开发阶段。由于蝎毒具有广泛、显著的药理作用，随着研究的深入，蝎毒必将在人类防治疾病方面显示重要的作用。

（二）人被蝎子蜇伤的处理

人们在日常生活和养蝎操作过程中，时有被蝎子蜇伤的情况发生。伤者常常因不知如何处理而增加生理和心理上的痛苦，影响正常的工作和生活。

人一旦被蝎子蜇伤，会出现被蜇部位局部红肿，感觉灼痛或麻木。被蝎子蜇伤后，应立即用细布条或橡皮带扎在伤口上方。然后，在伤口周围向外挤压，排出部分毒液。所扎布条或橡皮带每隔7~8分钟解开一次，以防肢体血液循环受阻。口腔无溃疡者也可用口吮吸毒液。同时，可采用下列方法进行处理：一是局部冷敷或涂抹风油精，可减轻疼痛感；二是取鲜活成蝎1只，捣糊涂于伤口处；三是蝎酒适量外敷、内服。

个别被蜇者会并发全身症状，头昏嗜睡，困倦无力，甚至口吐白沫、窒息昏迷、血压下降，但一般无生命危险。遇到这种症状，可采用下列方法进行综合治疗：第一，肌内注射抗蝎毒血清，以缓解中毒症状；第二，静脉注射10%葡萄糖酸钙10毫升，或用10%水合氯醛15~20毫升保留灌肠，以防伤者中枢神经系统出现并发症；第三，肌内注射阿托品1~2毫升，以防伤者心动过缓，血压下降；第四，可的松100毫升混入5%葡萄糖或生理盐水2 000毫升静脉滴注，促进毒素分解、排泄。静脉滴注时，为防止心肌受损，可配合服用甲硫丙脯酸12.5毫克。

十二、蝎子的加工

（一）药用成品蝎子的加工

药用成品蝎，指经过工艺流程加工而成的药用全蝎。药用成品蝎的加工对象为交配过的雄蝎和繁殖 3 年以上的雌蝎，以及残肢、瘦弱和正常死亡的成年蝎子。

属加工对象的蝎子，发现后要及时采收，及时加工。尤其是死蝎，更应该及时采收、加工，以免其内脏腐烂变质或因风干而使体重减轻。

加工常用的工具有锅、盆、笊篱、竹席等。

药用成品蝎有两种：淡全蝎和咸全蝎。

1. 淡全蝎的加工

淡全蝎又叫清水蝎。加工前，把采收到的蝎子放入清水中浸泡 1 小时左右。同时，轻轻搅动，洗掉蝎子身上的污物，并使蝎子排出粪便。捞出后放入沸水中用旺火煮 15 分钟左右。锅内的水以浸没蝎子为宜。出锅后，放在席上或盆内晾干（晒干亦可）。应该注意的是，煮蝎子的时间不可过长，以免破坏蝎体的有效药用成分。

2. 咸全蝎的加工

咸全蝎又叫盐水蝎。咸全蝎的加工方法和淡全蝎的加工

方法大同小异。区别在于：先将水烧开，然后加适量的食盐
（每千克蝎子放盐 0.3 千克），待盐溶解后再放入蝎子。咸
全蝎只能晾干，不可晒干。因为晒干的咸全蝎表面会结一层
盐霜，且质脆易碎。

淡全蝎和咸全蝎各有优缺点，二者的比较见表 12。

表 12　淡全蝎与咸全蝎的优、缺点比较

加工类别	优点	缺点
淡全蝎	不返卤	易遭虫蛀，干蝎碰压易碎
咸全蝎	耐存放，不易遭虫蛀	夏季易返卤

注：返卤——浸入蝎体内的氯化钠重新结晶出来。

优质药用成品蝎应具备以下几点要求：第一，虫体干，
颜色正；第二，虫体完整，不缺肢断尾，无碎屑；第三，不
返卤；第四，无盐粒、泥沙等杂质；第五，大小分离，不混
杂。

制成的药用成品蝎，切不可放在阳光下暴晒。否则，虫
体变脆，遇碰压易碎，会影响成品质量。

保存成品蝎，需用木箱或纸箱盛装。箱内衬防潮油纸，
置于干爽、阴凉、通风之处，并要定期检查，防鼠害。装运
忌用塑料袋包装。

（二）蝎子食用品的加工

蝎子可以加工成美味食品。经常食用这类食品有良好的
保健作用，对半身不遂及食道癌、肝癌有一定的疗效。用全

蝎制作的菜肴为一大名菜，深受人们的欢迎。下面介绍几种蝎子食品的加工方法：

1. 蝎酒

取鲜活蝎子 25 克，用清水洗净，放入 500 克白酒中，密封浸泡 1 个月左右即可饮用。蝎酒具有熄风止痉、通经活络、攻毒散结等功效。常饮蝎酒有保健、抗癌作用。

2. 醉全蝎

取鲜活蝎子适量，洗净，放入白酒中浸泡至蝎子麻醉，捞出食用。

3. 炸全蝎

取鲜活蝎子适量，洗净，入油锅。亦可打芡后入油锅。炸至焦黄时捞出，拌入佐料即可食用。亦可拼盘。

4. 蝎子滋补汤

取鲜活蝎子适量，洗净，文火炖汤，可加入适量山药、枸杞、木耳、香菇等。

十三、蝎子产品及其销售

（一）商品蝎子的采收

1. 采收对象及其用途

（1）选种后淘汰的生长发育差的 7 龄蝎子。供食用、采取蝎毒、制成药用全蝎。

（2）繁殖性能差的经产雌蝎，包括产仔数低于全场雌蝎的平均产仔水平、有严重的弃仔或食仔行为的雌蝎。凡符合这两条的蝎子，不论年龄大小均应及时淘汰。供食用、采取蝎毒、制成药用全蝎。

（3）繁殖群中的病蝎。可用于制成药用全蝎。刚死亡的蝎子也可收集起来及时加工成药用蝎，但其腹中的泥土和粪便不能排出，质较次。

（4）弱的种雄蝎和超过雄、雌蝎投放比例的多余种雄蝎。供食用、采取蝎毒、制成药用全蝎。

2. 采收时间

（1）种雄蝎在交配后进行筛选，将已参加过两次交配、不再留作种用者及时淘汰。

（2）经产雌蝎在负仔期结束后将不宜继续用于繁殖者淘汰。常温养殖的经产雌蝎通常宜在立秋后的 2~3 周完成选留和淘汰工作。

（3）病蝎和未变质的死蝎随时采收。

（二）蝎子产品的种类

1. 活蝎

活蝎包括供食用的商品蝎、种蝎。

（1）食用商品蝎。蝎体内除含有一种类似于具抗肿瘤、溶血栓、镇痛作用的蛇毒样蛋白质性蝎毒外，还含有甜菜碱、牛黄酸、软脂酸、硬脂酸、卵磷脂等多种成分，有较高的药膳价值。健康的活蝎可作为高档食材售往高级宾馆、饭店等餐饮单位，供烹调制作高档的全蝎菜肴；也可用于生产其他保健性蝎食品、蝎饮料，如炸全蝎、醉全蝎、蝎酒、蝎子滋补汤等。

在烹调、加工前，需先把活蝎放入3%的盐水中浸泡1小时以上，水深以能漫过蝎子为度（每千克蝎子的盐水用量约2 500毫升，但实际用水量与盛水容器的形状有关），促其排出腹中的泥土、粪便后捞出，再用清水洗净。

（2）种蝎。为其他养蝎者提供种源。

在温室中培育的种蝎，外销前必须要让其经受对自然气候条件具有一定抵抗力的适应性驯化；否则，在运输途中就会产生应激，运抵目的地后很快发生问题，既给引种者造成经济损失，售种者也会遭受无法估量的自毁声誉的信用度损失。

2. 蝎毒

蝎毒供药用。采毒方法详见本书第十一节之"(一)蝎毒的提取和加工"。

3. 药用全蝎

药用全蝎即中药材中的蝎子，依加工方法的不同有淡全蝎（清水蝎，一般 1 千克活蝎可获得 300～350 克干燥的成品蝎）和咸全蝎之分。药用全蝎的加工方法详见本书十二之"(一)药用成品蝎子的加工"。

药用全蝎 3 点说明：

(1)淡全蝎和咸全蝎在干燥前都需煮沸，洗净的蝎子在水烧开后入锅，煮沸的时间有 10 分钟即可，最长不宜超过 20 分钟，否则，随着煮沸时间的延长，会导致有效成分流失。若煮沸 30 分钟以上则会使有效成分全部遭到破坏。

(2)咸全蝎因含有不定量的盐，有效成分虽未流失，但这些盐分的含量与药材重量之比难以掌握，故疗效不太稳定，且易返潮。淡全蝎入药的效果好，但需长期保存者，通常须在妥善包装后低温保存。

(3)干品全蝎在出售前要剔除肢体不完整的残次品，将合格者按大小、色泽进行分级，用防潮的硫酸纸（植物羊皮纸）包装成 500 克的小包。干品全蝎要尽快销售。暂不出售者，要放入干燥的缸内加盖收藏，贮存于通风良好的凉、暗处。贮存期间，要做好"生物三防"，即防鼠咬、防虫蛀、防霉变。

（三）蝎子产品的销售

1. 销售渠道

销售渠道依蝎产品的类别寻找合适的销路。

2. 营销方式

蝎产品目前仍属特需商品，并非人人必需的普通大众商品，即使专门经营中药材的药材公司对药用全蝎的收购量也不是无限的，而且对产品的质量和价格也有严格的要求，在市场容量更大的中药材交易市场上同样存在激烈的货源竞争。因此，在蝎产品营销方面，实现产品形式多样化或主打产品品牌化都有利于开拓市场。但是，要想进入市场找到客户，则需要通过各种可以利用的方式和途径，如发布广告、打电话、由销售业务人员走访、托亲朋推荐、举办产品推介会和养蝎技术培训等进行宣传，使潜在的客户了解你的产品，这样才有机会发现有需求意向的客户。

在蝎产品销售的实践中，个人开辟的市场，销售成本会高一些。如果能组织养蝎生产专业合作社，就可成立一个机构专门负责产品的销售，这样既能使养蝎者集中精力搞好养蝎，又有利于营销人员积累销售经验，使市场开辟变得越来越容易，也会相应地降低销售成本。此外，还可借鉴传统畜牧业中畜禽产品的某些销售方式，如像经销商专门从养殖户收购生猪或鸡蛋等销往市场那样购销蝎子；不过，增加销售环节也会遇到如何使利润能合理分配的问题。

　　除了按照传统的做法开辟市场以外，规模较大的养蝎场或养蝎合作社最好能实行订单经营，确保销售渠道畅通。

十四、蝎子饲料虫的饲养

（一）黄粉甲的饲养

黄粉甲，属节肢动物门，昆虫纲，鞘翅目，拟步甲科。黄粉甲无毒，不侵害人。原为仓贮害虫，产于北美寒温地带，我国于 20 世纪 50 年代从苏联引进。

黄粉甲的幼虫称为黄粉虫，俗称面包虫，为软体多汁昆虫，营养价值较高。据分析，黄粉甲的幼虫、蛹、成虫所含粗蛋白质分别为 51%、57%、64%，还含有多种氨基酸、脂肪和糖类。

黄粉虫是蝎子的优良饲料虫。用它作为蝎子的饲料，可以促进蝎子的生长发育，提高蝎子的繁殖能力，增强蝎子抵抗疾病的能力。

黄粉甲生长周期短，生命力强，耐粗饲，繁殖率高，生长发育快，食物利用率高。实践证明，用 3 千克麦麸就能养成 1 千克黄粉甲，而黄粉甲 3 个月就可完成一个世代。

人工饲养黄粉甲的设备简单，管理方便，技术要求也不高，而且不受地区条件的限制，专业或业余喂养均可。

1. 黄粉甲的外部形态和生理特性

黄粉甲为完全变态昆虫，一个世代可分为卵、幼虫、蛹、成虫 4 个阶段，完成一个生长周期需要 3 个月左右。

（1）卵。黄粉甲的卵较小，长约 1 毫米，直径约为 0.5 毫米，呈卵形，乳白色，卵壳很薄。室温 28℃左右，经 7 天左右可孵化出幼虫。

（2）幼虫。刚孵出的幼虫身体细小，长约 2 毫米，全身乳白色。1 天后，体色逐渐变黄。幼虫全身共 13 节，柔软光亮，头尾两端呈棕黄色，中间为金黄色。周身呈圆柱形，中间较粗。第 1 节为头部，较扁小，嘴扁平。有咀嚼式口器，由上颚、下颚、下唇和舌构成，下颚左右各有两根短须。第 2~4 节为胸部，长有 3 对足，每节各一对。第 5~12 节为腹部。第 13 节下部为肛门（图 16）。

图 16　黄粉虫幼虫及臀叉

幼虫的生长发育是经过蜕皮进行的，7~10 天蜕皮一次。幼虫蜕皮时呈半休眠状态，不食不动，先从头部裂开一条缝，头从缝里钻出来，逐渐蜕至尾部，历时 30 分钟左右。刚蜕过皮的幼虫全身乳白色，皮白体嫩，活动迟缓。随后体色慢慢变黄，活动不断加强。

幼虫喜群居。幼虫经过 7 次蜕皮，长到 60 天左右，长约 2.5 厘米时，便开始变蛹。

（3）蛹。蛹长 1.2 厘米左右，头大尾尖，全身呈扁锥体。胸部生两只薄薄的羽翅，羽翅紧贴着胸脯。头部已基本形成成虫模样。蛹初时全身乳白色，体柔软，后逐渐变黄，开始发硬。身体两侧有锯齿形的棱角。蛹不吃不动，但进行正常呼吸，比较脆弱，无防御侵害能力，是黄粉甲生长期内生命力最弱的一个时期。

幼虫有食蛹习性，故幼虫化成蛹后要及时挑出。

（4）成虫。蛹经过 7 天左右便开始羽化为成虫。成虫俗称甲虫，初期为乳白色，头部浅黄色，两个鞘翅薄且柔软，全身细嫩，活动能力较弱，不进食。2 天后，逐渐变为浅红色，再过 5 天变为黑褐色，鞘翅也变得厚而硬，开始觅食（图 17）。成虫虽有翅，但不会飞，主要靠爬行。此时，成虫已完全成熟，雌雄开始交配产卵，进入繁殖期。每只成虫每天约产卵 20 粒，产卵期长达 5 个月，产卵高峰期 100 天左右，一只雌成虫一生可产卵 2 000~3 000 粒。

图 17　黄粉虫成虫

成虫性好动，不停地来回爬行，爱群集，喜阴暗。

成虫的雌雄易分辨：雄虫个体细长；雌虫个体较胖大，尾部尖细，产卵器下垂，并能伸出甲壳外。

2. 生活习性

（1）趋性。幼虫和成虫都喜欢阴暗。成虫常潜伏在黑暗角落或菜叶及其他杂物下面，幼虫多潜伏在麸皮、面粉或其他谷物内深 0.5~1 厘米处。

（2）密度。幼虫的密度要适宜。适宜的密度可适当提高群体内部温度，促进新陈代谢，加速生长发育。密度过小，幼虫生长缓慢；过大时，会很大程度提高群体温度，超过 38℃时，幼虫就会死亡。

成虫的密度宜小不宜大。过大时，影响成虫的交配和产卵，还会出现成虫食卵现象。

（3）温度。黄粉甲整个生长周期都适宜在温暖环境中生活。温度低于 6℃，黄粉甲进入休眠状态，10℃以上开始生长发育。生长发育和交配繁殖的最适宜温度为 25~30℃。高于 32℃易发病，高于 35℃黄粉甲生长发育受抑制，高于 38℃便会致死。

（4）湿度。黄粉甲对湿度的反应比较灵敏。虽然它对环境的适应能力很强，在非常干燥的环境中也能生存，但是生长发育极为缓慢。理想的饲料含水率为 10%~15%，大气相对湿度为 60%左右。

（5）饲料。黄粉甲的饲料以麦麸、玉米皮、米糠为主，兼吃各种杂食如饼粕、蔬菜叶、树叶、瓜果皮、野草等。

各种饲料要搭配适当，以混合饲料最为理想。混合饲料的营养成分较全面，能使黄粉甲发育健壮，提高成活率和产卵率，缩短其生长周期。

3. 饲养场所与设备

（1）饲养场所。饲养场所以室内为宜。室内喂养，能调节控制温度和湿度，便于管理，还可防止老鼠、鸟类等天敌的侵害。

（2）饲养设备。黄粉甲的饲养设备简单，可用柜、池、盆、盒等用具，以木盒子最为理想。其优点有三个：第一，取材方便，造价低廉；第二，盒体轻巧，便于搬动和管理；第三，盒子可一层层摞起，充分利用空间，减少占地面积。饲养盒的大小，以搬动方便为宜。规格一般长 66 厘米、宽 50 厘米、高 10 厘米。盒框用 1.5 厘米厚的木板做成，底面使用纤维板或胶合板。有条件的也可做成铁盒，以镀锌铁皮做成，这种饲养盒坚固耐用，防逃效果极好。

另外，还需要几种筛子：1 号筛，筛孔内径为 0.5 毫米，用于筛取小幼虫的粪便；2 号筛，筛孔内径为 4 毫米，用于幼虫和蛹的分离；3 号筛，筛孔内径为 2 毫米，用于筛取大幼虫的粪便；3 号筛配规格长 60 厘米、宽 45 厘米、高 8 厘米的木盒子（筛应略小于木盒子，以能放入木盒子内为准）为产卵筛。

4. 饲养管理

（1）准备工作。

1）放养前，应对所有用具进行消毒，可使用 0.1% 高锰酸钾溶液清洗。饲养室可用 0.1% 的来苏儿溶液喷洒消毒。

2）饲养盒内缘的上端贴一圈塑料胶带，防止黄粉甲逃跑。

3）彻底灭绝室内黄粉甲的天敌——蜘蛛、蚂蚁、壁虎、老鼠、家禽等。

4）把饲养室打扫清洁，除净污染物。

（2）调节环境温度和湿度。黄粉甲生长发育的适温是25~32℃，大气湿度为60%左右，温度或湿度若超过或低于上述标准，黄粉甲的生长发育均会受到影响。饲养过程中，可根据具体情况采取相应措施，对温度、湿度进行调节、控制。

（3）保持清洁卫生。饲养场所的卫生应做到：

1）保持饲养室及饲养盒的清洁。

2）吃剩的青饲料要及时清理，以防腐烂变质。

3）及时清理蜕下的干皮和幼虫的粪便。

黄粉甲幼虫的粪便似细沙粒，若堆积过厚，会影响其活动和取食，故应定期清扫，5~7天清理一次即可。清理的方法：准备清理的前一天，不要往饲养盒内投放麦麸、玉米皮等饲料（青饲料可以投喂），尽量让幼虫将原有的饲料吃完。清理时，将幼虫、饲料和粪便全部倒入筛子内（大幼虫用3号筛，小幼虫用1号筛），把粪便筛出，再将虫子倒入干净的盒内。

（4）冬季和夏季的管理。冬季采取加温措施提高室温。夏季高温时期，管理要点是通风降温、疏散密度、防止太阳暴晒。每年暑期若不及时采取措施降温，会造成黄粉甲大批死亡。

（5）生长周期不同阶段的管理。

1）成虫。成虫的饲养管理要注意以下几点：

一是不同生长期的成虫对饲料要求不一样，不能混养。

二是刚羽化的成虫非常娇嫩，抵抗力差，不能食用水分过多的饲料，可适当多喂麦麸、玉米面等植物性饲料。

三是为了提高产卵率，应给成虫以足够的营养，要投喂优质配方饲料（配方：麦麸 70%、玉米粉 20%、芝麻饼 9%、鱼骨粉 1%）和数量足够的青饲料，这样，可延缓成虫衰老，延长产卵期，提高产卵率。

四是饲料多投少喂。每天投喂 2~3 次，每次投喂量要适当，以在第二次投喂时基本无剩余为原则。不能缺食，否则会造成成虫食卵现象，还会引起成虫相互残杀。由于剩余饲料易变质，会影响产卵，故饲料也不能投放过多。

五是雄虫交配后，往往很快就会死亡，要及时清理死虫，以防腐烂变质而传染疾病。

六是产卵筛下垫一层接卵纸，一般 4 天换一次。

七是在产卵筛下的接卵纸上均匀地撒上一层 2 毫米厚的麦麸，所产的卵就会埋在麦麸内，否则成虫会食卵。

八是为了提高成虫产卵率和卵的孵化成功率，一般 4 个月对成虫进行一次换代，即把老化的成虫淘汰掉。

2）卵。接卵纸取下后，连同纸上的麦麸放在饲养盒内。在适宜的条件下，7 天后卵就孵化出幼虫。此期的管理要注意以下两点：

第一，温度对卵的孵化起着重要作用。在 30℃的温度下，5 天就能孵化出，而在 25℃ 的温度下，要 15 天左右才能孵化出。所以，要把卵放在温度偏高的地方孵化，以缩短孵化时间。

第二，为保证孵化时的水分需要，一定要调节好室内的环境湿度。卵在适宜湿度的环境中能顺利孵化出幼虫，而在干燥的环境中，孵化较缓慢，且有一定死亡率。孵化盒内不能喷水加湿，应通过增加环境湿度来增大孵卵盒内的湿度。

3）幼虫。在黄粉甲的整个生长周期中，幼虫期历时 2 个月左右。幼虫期管理的好坏，直接影响到经济效益的高低。幼虫期的管理应注意以下几点：

第一，卵全部孵化成小幼虫后，要加温加湿促使其迅速生长发育。可通过增大密度来提高幼虫群体温度，加湿的方法是定时向饲养盒内喷水，喷水的次数要多（每天 7~8 次），量要小，不能出现明水。也可以通过饲料拌水增加湿度。

第二，为使幼虫摄取全面的营养，可喂以配方饲料，饲料拌水（含水量 10% 左右），并经常投喂干净的青饲料。阴雨连绵时节，饲料可不拌水，并适当减少青饲料投喂量。

第三，饲料投喂量要适当，以不缺食且有少量剩余为原则，每天投喂 2~3 次。

第四，大、小幼虫要分开饲养。

第五，幼虫逃跑能力较强，要经常检查防逃胶带有无破损。

4）蛹。蛹期管理应注意以下几点：

第一，蛹不会活动，很娇嫩，容易受到幼虫的攻击，所以幼虫变蛹后，要及时把蛹和幼虫分开。

第二，蛹怕高温，超过30℃就会大量死亡。因此，高温季节要特别注意加强空气流通，采取措施降温。

第三，密度不可过大，最好摊放一层，否则会造成蛹的损伤、死亡。

第四，避免剧烈振动，一般不要运输。

第五，及时清理死蛹，以防蛹体腐烂后感染其他活蛹。

（6）黄粉甲的运输。黄粉甲的运输一般指幼虫运输而言。运输时，应注意以下几个方面：

1）一般在冬季、早春或晚秋运输比较安全。

2）运输时，用塑料编织袋盛装，每袋可盛3千克左右，然后放进纸箱（或木盒子）内。纸箱（木盒子）要留通气孔。

3）做到"三防"，即防雨淋、防暴晒、防挤压。

夏季运输时，要特别注意预防高温，做到：第一，减小袋内密度，每袋盛2千克左右；第二，运输袋内放入适量幼虫粪便，以降低群体温度；第三，运输最好在夜间或阴雨天气时进行。

5. 病虫害的防治

黄粉甲的病虫害很少，只要采取措施是完全可以避免的。常见的病虫害有：

（1）干枯病。

1）症状。幼虫头尾部干枯，发展到整体干枯死亡。

2）病因。空气干燥，温度偏高，饲料含水量过少，黄粉甲幼虫体内严重缺水。

3）防治。干燥或高温季节，要注意降温、增湿。可采取下列措施：地面洒水或向墙壁和空中喷水；在麦麸或米糠中拌水；及时投喂足够的青饲料；加强室内空气流通；减少饲养密度，以降低群体温度。

（2）螨害。螨类对黄粉甲危害很大，易造成黄粉甲幼虫虫体瘦弱，生长缓慢、繁殖能力降低，影响卵孵化成功率。在外界气温高、饲料含水量大的情况下，螨类极易对黄粉甲造成危害。防治螨害应从以下几个方面着手：第一，调节室内温度，夏季保证室内空气流通；第二，饲料密封贮存，防止螨类进入；第三，夏秋多雨季节，环境湿度较大，所投青饲料不能过湿。

（二）地鳖的饲养

地鳖俗称土元、簸箕虫，属节肢动物门，昆虫纲，蜚蠊目，鳖蠊科。共分为五类：中华地鳖、冀地鳖、滇地鳖、藏地鳖和金边地鳖。在我国大面积分布的是中华地鳖和冀地鳖。地鳖所含营养物质很适合蝎子的需要。地鳖虫若虫体内水分含量为73%，蛋白质含量为14.53%，脂肪含量为7.6%，糖类含量为1.59%。蝎子爱吃地鳖，吃后生长发育也很好。

地鳖是一种常用中药材，性寒味咸，具有破积通络、化瘀止痛、接骨续筋等功效，主治跌打损伤引起的肿痛以及妇女瘀血腹痛、月经不调等症。用地鳖配成的中成药较多，如跌打丸、治伤散、七厘散、消肿膏等。

1. 地鳖的形态特征

地鳖雌雄异体。一般雌多雄少，雄虫仅占总数的30%左右。不同种类地鳖的形态有差别，下面介绍两种常见的地鳖：

（1）中华地鳖。中华地鳖分布比较普遍，在我国大部分地区都有分布。其形态有下列特征：

1）卵。地鳖的卵包在一个革质鞘袋中，称为卵鞘。卵鞘饱满，棕褐色，状似豆荚（图18），表面有数条稍弯曲的纵沟，边缘呈锯齿状。卵鞘长1厘米左右，宽0.5厘米左右，内有成双行互相交错排列着的卵粒，数量6~30个不等。

图18　地鳖的卵鞘

2）若虫。刚孵化出的若虫呈乳白色，体形似芝麻。随龄期的增加，体色逐渐加深，变为棕褐色，体形变为椭圆形。若虫的雌雄在幼龄期间目测难以区分，待其发育到4~5龄时，可根据若虫中后背板后缘的形态特征加以鉴别：雄若虫该处着生翅芽，形成45°角盾形曲线；雌若虫翅芽退化，呈70°的弧形曲线（图19）。

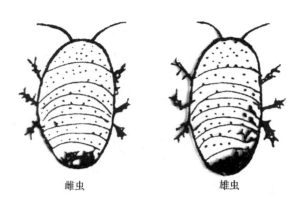

雌虫　　　　　　　　　雄虫

图 19　中华地鳖雌雄若虫

　　3）成虫。雌成虫无翅，体形扁平，呈椭圆状，背部稍
隆起似锅盖，体长 3~3.5 厘米，体宽 2~2.5 厘米。虫体边
缘较薄，背面棕褐色，稍有光泽，腹面为棕红色。头小，隐
于前胸下，觅食时则伸出。有咀嚼式口器。触角丝状，前后
粗细相等。有复眼和单眼，复眼大，位于触角外侧，呈肾
形，两复眼之间的上方有 2 个单眼。胸部由 3 节组成，前胸
背板呈三角形，中间有花纹，中后胸的背板较窄。腹部 9
节，呈覆瓦状排列，其中第 8~9 节向内收缩于第 7 节内。
肛上板扁平，近似长方形，中间部位有一小切口。胸部有足
3 对，较发达，足部胫节有细毛，多刺，基节隐藏于胸部腹
面的基节窝内，跗节 5 节，末端有爪 1 对，无爪垫。腹部末
端有一对较小的尾须（图 20）。
　　雄虫体色较浅，为淡褐色，身体小于雌虫，体长 2.5~3
厘米，宽 1~1.5 厘米。腹部有两对翅膀，较发达。前翅革

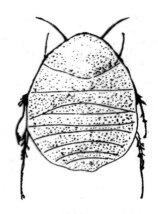

图20　中华地鳖雌成虫

质，脉纹清晰可见，后翅膜质，半透明，平时折叠于前翅下。前胸后缘呈波状，腹部末端上方有尾须1对，下方有腹刺1对（图21）。

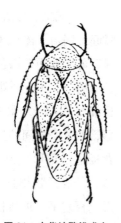

图21　中华地鳖雄成虫

（2）冀地鳖。冀地鳖分布于黄河流域以北，以华北、东北为多。其形态具有以下特征：

1）卵。卵包在卵鞘中，卵鞘外形与中华地鳖的卵鞘相似。

2）若虫。初孵化出的若虫体色乳白，经过生长发育，形似雌成虫，但虫体略小于雌成虫。若虫雌雄的鉴别方法与中华地鳖基本相同。

3）成虫。雌虫无翅，体形较大，体长3~4厘米，宽

1.7~2.8 厘米。身体椭圆，背部隆起不高，全身黑褐色，密布小颗粒突起。头常隐于前胸背板下，取食时才伸出。口器属咀嚼式，向下方伸出。触角细而短。前胸的前缘、侧缘、中后胸背板两侧和腹部各节背板的边缘部位有黄褐色或橘红色斑。腹部共 9 节，各节背板内侧有圆形小黑点，称为气门洼。第 8~9 节缩于第 7 节内。肛上板后缘稍突出，切口明显（图 22）。

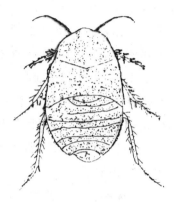

图 22 冀地鳖雌成虫

雄虫有翅，体长 2.7~3.5 厘米，宽 1.5~2 厘米。身体黑褐色，披有细微纤毛，触角后半部粗大，端部纤细（图 23）。

2. 地鳖的生活史

地鳖属不完全变态昆虫，完成一个世代只经过卵、若虫和成虫 3 个阶段。适宜条件下，雄虫完成一个世代需要 10 个月左右，雌虫需要 18 个月左右。

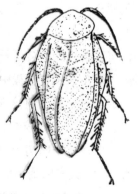

图 23 冀地鳖雄成虫

每年 4 月上旬气温升到 10℃ 以上时，地鳖开始出土活动，到 10 月中下旬气温降到 10℃以下时，陆续进入冬眠。除雄成虫外，其他各虫态均能越冬。常温饲养时，雌成虫产卵期为 5 月上旬至 10 月上旬，其中 6~9 月是产卵高峰期。在 5~8 月产的卵，可在 7 月上旬至 10 月中旬以前孵化完毕；在 8 月下旬至越冬前产的卵，要到翌年 6 月底或 7 月初才开始孵化。越冬卵死亡率在 10%左右。从卵产出到孵化前称为卵期，卵期长短因温度不同而有别。温度保持在 25℃时，卵期约 60 天，温度保持在 30~35℃时，卵期则缩短为 45 天左右。

自卵鞘孵化，经多次蜕皮至羽化前称为若虫期。若虫期大约 6 个月。若虫每蜕一次皮增加 1 个龄期。若虫期雌虫要蜕皮 9~11 次，雄虫蜕皮 7~9 次，整个若虫期平均 20~40 天蜕皮一次。若虫期的长短与温度、养土湿度及喂食有密切的关系。若虫期的长短还与个体差异有关，地鳖瘦弱或发生病害，若虫期则会延长。

若虫在发育过程中，蜕去最后一次皮就变为成虫。从变为成虫直至死亡前这段时间称为成虫期。雌成虫寿命 2~3 年，雄成虫寿命较短，经过第一次交配后，一个月左右死亡。雌成虫产卵期为 18 个月，产卵高峰期为 6~7 个月，一般 4~11 天产卵鞘一块。

3. 地鳖的生活习性

地鳖喜欢生活在阴暗、潮湿、腐殖质丰富的地方，如枯枝落叶下、树木洞穴中、腐朽木质内、石山缝隙中、河流淤积物以及粮食仓库中。

地鳖怕光，具有较强的避光习性，多昼伏夜出，白天伏在阴暗处，黄昏后出来寻食。地鳖在隐蔽或黑暗的环境中，白天也会活动。

地鳖有假死性，遇到敌害，常伪装死亡，以逃避敌害。蜕皮时也会出现假死。地鳖为适温性昆虫，有冬眠习性，10℃以下入土休眠，其生长发育的适宜温度为15~35℃，最适温度为28~32℃。

地鳖需要一定的湿度，养土湿度15%~20%，大气相对湿度60%~75%，对地鳖的生活最为有利。

地鳖对噪声、振动和刺激气味较为敏感。

4. 饲料与投喂

（1）饲料。地鳖的食物广泛，各种植物叶、水果皮、瓜瓤以及麦麸、谷皮、油渣等都是地鳖的好饲料。地鳖还喜欢动物性饲料。按饲料性质不同，地鳖的饲料可分为动物性、植物性和矿物性饲料3类。

1）动物性饲料。动物性饲料中含有丰富的蛋白质、脂肪，多种维生素和钙、磷等矿物质，营养价值较高。各种肉、鱼、乳类加工后的副产品，以及鱼虾和畜禽内脏均可作为地鳖的饲料。但腐烂变质的东西不能饲喂。

2）植物性饲料。植物性饲料包括青绿饲料、谷类饲料和各种饼（粕）类饲料，是蛋白质的主要来源。

青绿饲料包括部分水生、陆生植物，如青菜、浮萍、树叶、野菜、南瓜、丝瓜以及农作物的秆、茎、叶、果等。谷类饲料主要来源于粮食加工后的副产品，如米糠、麦麸、玉米粉。这类饲料含蛋白质较低，但含淀粉和糖类较多，是喂地鳖的主要饲料。饼类饲料主要来源于油料作物（大豆、花生、油菜等）的子粒榨油后的枯饼。饼类饲料含蛋白质丰富，但棉子饼与菜子饼中含有毒物质，需经过加热处理，除去有毒成分后才能利用，且不可过量饲喂。这类饲料需求量不大，但却十分重要。适量投喂该类饲料，可加快地鳖的生长发育，有利于若虫的蜕皮和雄成虫的展翅。

3）矿物性饲料。矿物性饲料主要用畜禽、鱼类的骨头晒干后加工成细粉，与其他饲料混合投喂。

（2）投喂。一般情况下，若虫在天黑就出来活动觅食。天亮前又重新入土隐伏，因此喂食应在傍晚前后进行，一般每天投喂一次。喂食量的多少根据饲养密度而定，虫多则量大，虫少则量小，每次喂食后应注意观察饲料余、缺情况，掌握"精料吃完，青料有余"的原则，既要地鳖吃饱，又要避免浪费。根据地鳖生长发育的不同阶段和若虫活动情况，可分别采用下列几种喂食方法：

1）撒喂。这是一种简便的喂食方法，将饲料均匀地撒在养土表层即可。此法适于喂 1~3 龄幼若虫，因为 1~3 龄幼若虫常在养土表层中活动。

2）在食料板上喂。食料板可用薄木板、硬纸板做成，长、宽各 20 厘米为宜。在养土表层放若干块食料板，将饲料撒在板上。此法适宜喂 4 龄以上若虫、成虫及产卵虫。由于虫子多在池子边沿及四角活动，故而食料板应放在这些地方。

5. 饲养方式

饲养地鳖可采用缸养、盆养、坑养、池养等方式，下面介绍池养和立体多层饲养台两种：

（1）池养。池养比较适合较大规模的生产饲养。

选择旧房或专用房做饲养室。为利于低温季节加温养殖，房舍应密闭、无漏洞，要开有前后窗，房内建饲养池。池大小根据房舍面积而定，一般池长、宽各 1 米，高 0.5 米。池底整平夯实，四周表层抹水泥，使表面光滑。池壁内侧上缘贴 5 厘米宽的玻璃条或塑料胶带，防止地鳖逃跑。池内放养土 20 厘米厚。若虫和成虫按不同时期分开饲养。

（2）立体多层饲养台。这种饲养方式可节省饲养室面积，特别适合房舍不足的单位。

在房舍内选择靠墙壁处修建多层饲养台。其长度可因地制宜，每层高 0.5 米。层板最好用水泥板，宽 0.5 米。可根据饲养室的高度建若干层，每层分若干小格，池子前沿高 0.3 米。池内铺上饲养土即可饲养。

6. 饲养用具

饲养地鳖最常用的工具是虫筛。虫筛分五种：1 号筛，筛孔内径 10 毫米，用于筛取成虫；2 号筛，筛孔内径 7 毫米，用于分离 7~8 龄若虫；3 号筛，筛孔内径 4 毫米，用于筛取卵鞘；4 号筛，筛孔内径 3.5 毫米，用于筛取刚孵化出的若虫；5 号筛，筛孔内径 1.2 毫米，用于分离初孵若虫和筛取初孵若虫身上寄生的粉螨。虫筛大小以实用、方便为宜。

此外，还有卵鞘孵化器（可使用缸、铁桶、木箱、塑料盆等）、喷雾器、干湿温度计、食料板等。

7. 饲养用土

地鳖日间潜入土中栖息，喜在土中或土表觅食。因此饲养土的质量及内含物质的成分直接关系到地鳖的成活及生长发育。以垃圾土、菜园土、壤土加入适量的（20%~30%）禽畜粪便、草木灰和锯末等即可。饲养土要求疏松、营养丰富、干湿度适中（含水量为15%~20%，手握成团，落地散开），这样的土质便于地鳖潜伏、钻进和爬出，随意活动觅食、寻找配偶。

饲养池中的养土是地鳖主要的栖息场所。养土中地鳖的粪便、尸壳、饲料残渣等，不仅对蚂蚁等害虫有引诱作用，而且这些物质还容易霉烂，滋生病菌。因此，养土要适时更换。更换养土可采取多步更换法：一是平时筛取卵鞘时，去掉表层养土2厘米左右，然后另加一层新养土；二是结合成虫采收加工，除旧换新；三是根据地鳖生长发育过程中病害情况，随时酌情更换养土；四是每年全部更换一次。

8. 地鳖的蜕皮

若虫需经过多次蜕皮才能发育为成虫。在蜕皮过程中，由于虫体柔软、抗病力差及养土过于干燥等多种因素的影响，会出现部分伤亡现象。掌握了这一时期的饲养管理技术，就可以减少伤亡，提高地鳖的成活率。

地鳖将要蜕皮时，在头部、胸部背面形成一条蜕裂线，由于体内各种激素的作用，促使旧皮沿蜕裂线破裂，虫体即可蜕皮。但也有一部分蜕不了皮，其原因一是虫体代谢失调，体内保幼激素分泌旺盛，抑制了蜕皮激素的分泌；二是气候干燥，养土湿度不合适，温度不稳定，养分不充分等不利因素的影响。

在地鳖蜕皮期间，要多喂营养丰富的饲料，促使虫体强壮，能顺利完成蜕皮过程。投喂时，要搭配精、粗饲料，精饲料配料：鱼粉10%、面粉20%、玉米粉20%、麦麸50%，各种青绿饲料也应适当投喂。若不注意喂食，易导致虫体消瘦，抗病力减弱，蜕不了皮。同时要注意养土的湿度不可过小，否则会影响蜕皮的顺利进行。另外，若虫蜕皮后体表柔嫩，活动能力差，应尽量少翻动养土，以免因碰伤虫体而感染致死亡。

9. 地鳖的冬眠

冬眠是地鳖对不利环境的一种适应性反应。成虫和各龄若虫在立冬前后气温下降到10℃时逐渐进入冬眠，直至翌年清明前后气温回升到10℃以上时才复苏。

地鳖在冬眠期会有一定的死亡率，死亡率高低取决于环境温度是否适宜，温度过高或过低都会引起死亡。因此，冬眠期内要注意防寒保暖，使室温不低于2℃（死亡低限为-2℃）。由于冬眠时间较长，地鳖进入冬眠前应很好地饲喂，使其体内积累较多营养，以备冬眠期消耗。冬眠复苏后，要及时投喂高质量的饲料，使地鳖早日恢复健康，快速生长发育。

10. 各个生长阶段的管理

（1）卵期。卵鞘的质量优劣，直接关系到出虫率。可以用以下方法来鉴别卵鞘的优劣：优质卵鞘鲜褐红色，饱满，通气孔锯齿清晰，用手捏开可见乳白色或浅黄色椭圆形卵粒；坏卵表层粘有泥土，锯齿状通气孔内有白色霉状物，捏开可见发黑的卵或无卵粒，味腥臭。

卵期管理主要包括以下几个方面的工作：

1）定期取卵鞘。卵鞘的多少决定着繁殖后代的数量，因此对卵鞘的保护十分重要，及时取出卵鞘非常必要。否则，卵鞘长期埋在养土中就会影响孵化，或者卵鞘被雌虫所食而造成不必要的损失。雌虫食卵有一定的规律：在 15～30℃时，雌虫刚产卵后食卵量较大，随着时间的推移，食卵量逐渐减少。为了减少卵鞘被食的现象，应适时取卵鞘。产卵后第 1 个月每 10 天应取卵鞘 1 次，第 2 个月每 15 天应取卵鞘 1 次，第 3 个月每 25 天应取卵鞘 1 次，第 4 个月以后每月只取 1 次就可以了。另外，由于卵鞘浮在养土表层较多，除定期彻底取卵外，还应每隔 5～7 天把养土表层的卵鞘取出。取卵鞘的方法是把表层取出的养土（内有雌虫及卵鞘）放入 1 号筛中，将养土和卵鞘筛下，再用 3 号筛筛去养土，将留在 3 号筛上的卵鞘倒入预先备好的容器中。

2）清洗卵鞘。从养土中筛下的卵鞘常粘有养土或残余的饲料屑，致使部分卵鞘的气孔被堵塞，若不清洗，会产生部分霉卵或死卵。因此，卵鞘取出后要加以清洗。清洗时，先把卵鞘倒入盛有清水的盆中，再用手或木棒轻轻搅动，清洗掉卵鞘表面杂物，然后捞出放在筛上晾干（切忌在阳光下暴晒或炉上烘烤）。清洗时间不宜太长，2 分钟即可。

3）卵鞘孵化。孵化时卵鞘应与颗粒养土混合。颗粒土间隙较大，有利于气体交换，不易产生霉卵和死卵。如果用细土，效果反而不好。

温度太高或太低都会降低孵化率。卵鞘发育的起点温度是15℃。最适宜的发育温度为28~32℃，在此范围内，温度越高，孵化时间越短。高于38℃时卵就会死亡。正常情况下，卵鞘孵化期为1~2个月。

在整个孵化过程中，湿度也是一个重要因素。卵鞘孵化所需的湿度，主要依赖空气和养土中的水分渗透供给。适宜的湿度可使卵鞘顺利孵化，能减少刚孵化若虫的死亡。在胚胎发育前期，养土湿度只要用手摸有潮湿感即可。胚胎发育后期，养土湿度可略大一些（22%左右），以利于卵鞘的一侧裂开，让若虫顺利钻出。

孵化期间，每天翻动卵鞘2~3次，以便使上下层温湿度均匀，并利于透气。每隔3天左右要换一次养土，但应保持原有的温度和湿度。严禁喷水，以防卵鞘发生霉变。

4）卵鞘的保藏。8月下旬至越冬前产的卵，在卵鞘发育期由于温度下降，发育延缓或停顿，进入冬眠。为了使翌年若虫出虫整齐，要将不同时期产的卵鞘分批保藏。方法是：把卵鞘放入盆、袋（有气孔）等器具内，在卵鞘上覆以颗粒养土，养土要经常保持湿润，但不可过湿，防止卵鞘霉烂。保藏期间，每10天检查一次，发现霉烂的卵鞘应及时挑出，防止感染其他卵鞘。

（2）若虫期。同一时期孵化的若虫，由于各种因素的制约，发育程度会有很大差别。饲养一段时间后，应把大小若虫分开饲养。其优点是：

1）可防止出现若虫大吃小或争抢食物的现象。

2）虫体发育相对整齐，便于管理。

一般可分为四个档次：1~5 龄档，6~7 龄档，8~9 龄档，10~11 龄档。初饲养者，区别若虫龄期较困难时，可根据虫体大小分为四个类型：芝麻型、黄豆型、蚕豆型、拇指盖型。

（3）成虫期。地鳖完成个体发育进入成虫期，雌雄开始交配，繁殖后代。交配后 7~15 天，雌虫开始产卵。成虫产卵期间，因大量产下卵鞘，体内营养消耗很大；同时，也因筛卵鞘次数较多会使虫体受到一定的影响。要想提高雌虫的产卵量，延长其寿命，产卵期应搞好以下几个方面的工作：

1）足量投喂混合饲料，满足雌成虫对营养的需要。

2）控制好养土的湿度，避免因养土干燥造成雌虫食卵或小虫，并能使卵鞘顺利产下。

3）保持饲养池内清洁卫生，防止有害微生物的滋生和疾病的发生。

4）适时筛取卵鞘。

11. 病害及其防治

地鳖常见的病害主要有以下几种：

（1）大肚子病。大肚子病又叫腹胀病、肠胃病，为生理性病害。

1）病因。池内过潮，饲料含水量较大，或地鳖暴食脂肪性饲料后，体内水分及营养积累过多而引起。

2）防治。发现地鳖患此病，立即拣出病虫进行处理，并采取下列措施：一是打开门、窗通风换气，以降低养土湿度；二是取出表层湿养土，更换新土；三是停喂青料，投喂干料；四是药物治疗。按每0.5千克饲料和氯霉素粉4克、酵母片6片（研末）的比例搅拌均匀，连续投喂3~4次。

（2）软瘪病。软瘪病又称绿霉病。

1）病因。养土过湿，剩余饲料发酵霉烂，使地鳖受到感染。

2）症状。虫足收缩，触角下垂，全身柔软，行动呆滞，不进食。发病后期体表出现暗绿色斑点，继而陆续死亡。

3）防治。一是根据气温的变化及养土的湿度来调整饲料的干湿度，如梅雨季节应少喂青饲料和含水量较大的精料；二是控制养土湿度，保持最佳状态；三是筛虫时，筛出的虫子应放入备有养土的器具内，让地鳖虫钻入土中，避免虫体相互挤压而受伤；四是发现病虫尸体，立即拣出，并更换较为干燥的养土；五是发现虫子发病，可用药物治疗，用0.1%的来苏儿溶液对饲养池全面喷洒消毒，并在饲料中加入四环素、土霉素等抗生素药物，按每0.25千克饲料加药1片（研末）的比例搅拌均匀，连续投喂3~4次。

（3）卵鞘白僵病。

1）病因。卵鞘因受伤或感染而导致霉变。

2）症状。卵鞘霉烂，卵粒腥臭，锯齿状一侧长出白色菌丝。此症会感染其他卵鞘造成卵和幼龄若虫死亡。

3）防治。一是成虫产卵后，应及时取出卵鞘，并清洗干净；二是养土保持一定湿度，孵化土的含水量应为20%左右；三是掌握时间合理筛虫，筛虫时尽量减少对卵鞘的损伤；四是严格做好孵化器具的消毒工作。

（4）裂皮病。

1）病因。地鳖代谢失调，蜕皮时养土干燥或饲料含水量过低。

2）症状。地鳖不蜕皮或半蜕皮，不吃食物，逐渐消瘦。病虫必死。

3）防治。一是饲料营养要全面，保证虫体新陈代谢正常进行，促使虫体顺利蜕皮；二是合理控制养土湿度和饲料的含水量，增加虫体内水分；三是地鳖将要蜕皮时不要筛虫，以免损伤虫体。

12. 天敌的防御

地鳖的天敌主要有螨、蚂蚁、老鼠、家禽、鸟类、鼠妇虫等。

（1）螨：危害地鳖的螨主要是粉螨，常见的是一种白色的螨，它主要产生在变质饲料和腐烂地鳖体内。粉螨对地鳖的影响极为严重。温度为20~25℃时，饲料剩余过多时有利于粉螨滋生。粉螨繁殖力极强，每14~16天发生1代，每只雌螨可产卵200余粒，极易造成灾害。粉螨常寄生于地鳖的胸、腹部及腿基节的节间，叮咬虫体或吃掉刚孵化的幼龄若虫和正蜕皮的若虫，若不及时消除螨害，往往会造成地鳖大批死亡。防治方法：

1）经常检查，如果发现养土表面有白色蠕动的成堆小螨时，立即把养土全部取出弃掉，或置于烈日下暴晒以杀死粉螨，待养土冷却后再使用。

2）饲养池附近不要放棉秆和稻草等物，以免其中寄生的螨爬入池中。

3）投喂的饲料不可过多，并要及时清除剩余的饲料残渣和地鳖尸体、卵鞘空壳等。

4）诱杀。可用油饼、肉、骨作为饵，白天放入池内，每隔1~2小时取出1次，把上边附着的螨用开水烫死。

5）白天用火把将池壁及养土表面的螨烧死。

6）药物防治。用40%乐果2 000倍稀释液，每5~7天喷洒1次，连喷3~4次（注意：药液不可直接喷在虫体上）。

7）发现带螨的地鳖，可立即加工为成品。

8）改进喂食方法。麦麸、米糠用沸水浸熟或放入锅内烘炒后投喂，避免食物带螨。

（2）鼠妇虫。鼠妇虫是一种甲壳类动物。它常在池中养土表层和池壁四周活动，危害幼龄若虫，抢食地鳖的饲料。防治方法：

1）不要把稻草和草屑等杂物带进池内，消除鼠妇虫的滋生源。

2）发现有鼠妇虫出现，可人工捕捉。若鼠妇虫出现在池外洞中，可灌水迫使其爬出，以便捕捉。

3）用敌百虫药液在池子四周喷洒。

13. 地鳖的采收

7~8龄的雄若虫、老龄雌成虫、产卵后虫体干瘪的雌成虫及病虫、死虫均可采收进行加工。

当同一批若虫中有少量发育早的雄虫羽化时，表明大量雄虫将开始蜕皮羽化。雄虫过多，不但消耗饲料，而且占据饲养场所，应抓紧时机采收，只留10%左右的雄虫，让其羽化做种虫。保留优质种虫是获得高产和高效益的重要因素。去雄时，应将同一批孵化的，同龄中健壮、活泼、体形大、色泽鲜艳、肢体齐全的雄虫保留下来，也要把那些体小质差、干瘪无力的雌成虫挑出来。对那些留种的雄若虫和雌虫，等长到一定阶段时，结合去雄和留种，可把发育完全的淘汰雌虫以及产卵率明显下降的雌虫也采收加工（雌虫个体丰满，折干率高，且质量也好）。

14. 地鳖的加工

（1）加工方法。地鳖的加工可分为晒干和烘干两种方法。

1）晒干。采收后，先去掉杂质，然后用含盐3%的开水将其烫死。捞出后用清水洗净，在竹帘或平板上摊开，在阳光下晒3~4天，虫体完全干燥后即成。

一般情况下，雌虫折干率为40%左右，雄虫折干率为32%左右。

2）烘干。将采收洗净后的地鳖放入锅内，用文火烘炒。当虫足尖端微粘锅铲时将虫取出，均匀摊开放在金属筛内，置于炉火上，用燃料余热烘烤，虫体干燥后即成。

烘干时，一次数量不宜太多，以免翻炒时将虫体铲碎。

（2）优质成品的标准。优质地鳖成品，应虫体干燥、完整不碎、不含杂质。

（三）舍蝇的饲养

提起蝇，往往使人联系到苍蝇，苍蝇可以传播疾病，人人厌烦。然而人工饲养无菌蝇（如舍蝇，又称家蝇），就可以变害为利。据分析，舍蝇的幼虫和成虫蛋白质含量分别为15%和13%，脂肪含量也较高。另外，幼虫富含多种氨基酸和相当数量的钙、磷、铜等多种动物生命所必需的微量元素，是各种畜禽和特种经济动物的理想动物性蛋白质饲料。

舍蝇繁殖力极强，1只雌蝇每次产卵一二百粒，1对舍蝇每年可繁殖10~12代。

舍蝇的生长周期很短，饲养设备很简单，成本低，经济效益好，具有很大的生产潜力。

1. 舍蝇的生活史和生活习性

舍蝇是完全变态昆虫，一生经历卵、幼虫（蝇蛆）、蛹、成虫（蝇）4个阶段。卵和蛹基本上不吃不动，幼虫和成虫具有活动能力。

蝇卵刚产下时呈乳白色，在温度24~32℃、相对湿度65%的条件下，8~12小时即可孵化为幼虫。幼虫有避光性，常寄居于粪料中。

幼虫整个生长过程中共蜕皮 2 次，从孵化到老熟需要 5~6 天。幼虫化蛹在培养基中进行。幼虫期适宜温度为25~43℃，培养基含水量以 65%~80%最合适。

蛹在适宜的温度和湿度下，经过 3~4 天发育成熟，蜕壳后即成为能飞翔的成虫。

成虫寿命 1~2 个月。白天活动，喜欢在白色等浅色的地方停留，夜间栖息。主要吃腐烂的有机物，如动物粪便、垃圾等。成虫羽化后 3 天性成熟，开始交尾。雌蝇一生中只能交配 1 次。交尾后 2 天左右开始产卵，每次排卵量100~200 粒不等。6~8 日龄为产卵高蜂期，以后产卵量逐渐下降。20 天后趋于老化。

2. 成虫饲养

（1）主要设备。

1）蝇笼。用木条或粗铁丝做成规格长 50 厘米、宽 50 厘米、高 40 厘米的方形笼架，四周用白塑料纱网罩住。其中一面留个操作孔，大小以能方便食盘或产卵盘进出为宜。在操作孔上缝制长约 30 厘米的黑色袖套，以防蝇外逃。

2）立体饲养架。立体饲养架可减少占地，能充分利用空间。其规模根据生产量来确定，一般 3~4 层为宜，用铁条、木料制作均可。

3）食盘或水盘。每个蝇笼配 3~4 个普通小碟放饵料，1 个小盘放饮水（水中浸海绵块）。

4）产卵盘。每个蝇笼中放大盘 1 个，盘中放产卵引子

（制作方法见后文）适量，引诱雌蝇集中产卵。

5）羽化瓶。广口罐头瓶若干个，换代时盛放即将羽化的种蝇蛹。

（2）种蝇的来源。近年来，我国一些科研部门和生产单位培养和繁殖了很多优良种蝇，饲养户可引进。另外，也可用野生蝇灭菌后代替。方法：在羽化瓶中捞出待化蛹的幼虫（蝇蛆），放入含水10%的培养基中，待幼虫化蛹后，用0.1%高锰酸钾液浸泡2分钟。然后挑选个大饱满的置于种蝇笼中进行羽化。

（3）饲养场地。为便于管理，饲养场地应放在室内。

（4）配制饲料。成虫自然条件下主要吃腐烂的有机物，如动物粪便、动物尸体以及垃圾、污水等。为了提高产卵率，人工饲养以喂炼乳、奶粉、红糖、蛆浆等为宜。可用4日龄幼虫磨浆，加60%红糖、2%酵母粉和适量水调成稀糊，另加适量0.1%苯甲酸钠防腐。用纱布垫盘底，放入配成的饲料，让舍蝇舐食。每天早上取出食盘和水盘清洗后更换新料。

（5）制作产卵引子。产卵引子用麦麸加0.03%碳酸氢钠溶液拌成，也可用新鲜或发酵过的畜禽粪便（鸡粪、猪粪）。产卵引子要均匀撒开，厚度1~2厘米。产卵盘每天一换，将蝇卵连同产卵引子取出，移入幼虫培养室进行繁育。种蝇在每天8~15时产卵最多，取卵时间应在翌日清晨。切记必须把同一天所产的卵放入同一个育蛆盆内。否则，幼虫生长大小不一，影响产量，且不便分离。

（6）饲养密度：一般每个蝇笼可养蝇 1 万～1.2 万只。饲养密度可根据蝇个体大小、通风设备优劣和降温措施是否得力做适当调整。

（7）种蝇淘汰。种蝇饲养 20 余天后，产卵量会大大下降。为了保持高产，降低饲养成本，种蝇饲养 20 天后应更新。淘汰的方法：将蝇笼中的饲料和饮水取出，3 天后种蝇就会全部饿死。也可以将种蝇放在烈日下晒死或用开水烫死。之后把死蝇倒出，将蝇笼用 5%来苏儿溶液浸泡消毒，再用清水冲洗干净，晾干使用。淘汰后的种蝇烘干磨粉，拌入混合饲料可喂畜禽。

（8）越冬保种。冬季若无条件加温饲养，可采用室内越冬办法进行保种。方法：将蝇蛆保存在有适当温度和疏松粪土的容器内，置于室内盖上稻草保温。

3. 幼虫（蝇蛆）的培养

（1）设备。培养幼虫的设备主要有：

1）育蛆盆。塑料盆若干个，高度以 10～15 厘米为宜。

2）立体育蛆架，可参照种蝇立体饲养架适当予以调整。

（2）配制培养基。用鸡粪或猪粪 60%、麦麸 35%、粗糠 5%，配成含水量 65%的培养基料。也可用新鲜或发酵过的鸡粪、猪粪直接做成培养基。

（3）接种孵化。将配制好的培养基盛于育蛆盆内，厚度 3～5 厘米。每千克培养基接收 3 克蝇卵，将蝇卵均匀撒在培养基表层，放置在温度 24～32℃的培养室中，8～12 小时后即孵化为幼虫。

（4）水分调节。孵化期若培养基较干，应加些水，但不能有积水，以防孵化的幼虫窒息死亡。幼虫全部孵化出来以后，应降低培养基湿度，做到内湿外干，便于幼虫的钻入和幼虫与蛹的分离。

（5）幼虫的分离。幼虫经 3~4 天即可变成蛹，幼虫在变蛹前要收集利用。收集幼虫的方法：利用其怕光的特性，把培养盆放于阳光（或较强的灯光）下，不断扒动培养基表层，幼虫就会往深处钻，取出表层培养基后再扒动。如此反复直至幼虫全部钻入底层。最后把剩余的培养基和幼虫倒入用纱布制成的筛子内，在水中反复漂洗，即可获取干净的幼虫。

4. 舍蝇的利用

舍蝇的四个形态中，除卵外，幼虫（蝇蛆）、蛹、成虫（蝇）加工后都可以成为畜禽的饲料。对蝎子而言，比较适口且营养价值较高的，是鲜活幼虫和成虫。

幼虫以 2 日龄的作为饲料为宜。幼虫应在清水中反复清洗，晾干后方可投喂。

由于舍蝇成虫会飞翔，投喂时需要在养蝎池上方配网罩。网罩可用蓝色或绿色尼龙窗纱制成，一侧留操作孔。操作孔上要缝制黑色袖套，以防蝇外逃。操作孔大小以能放入蝇笼为宜。投喂时，先将蝇笼中的食盘等器具取出，将蝇笼（内有成虫）通过操作孔放入网罩内，待成虫从笼中飞出后将蝇笼取出。

成虫白日活动，夜间常栖息在垛体上，蝎子捕食比较方便。

（四）蜈蚣的饲养

幼蝎和成蝎都爱吃蜈蚣，且其身上不易携带螨虫。蜈蚣为肉食性动物，但食性相当广泛，除了喜欢吃各种昆虫，如黄粉虫、蝗虫、蟋蟀、金龟子、蝉、蜻蜓、蜘蛛、蝇、蜂等的成虫、蛹、幼虫和卵以外，也吃蚯蚓、蜗牛、蟑螂、青虫及蛙、蛇、蜥蜴、壁虎、泥鳅、麻雀、鼠、各种畜禽的肌肉、骨骼、内脏、软骨等，也可食少量水果皮、马铃薯、胡萝卜、青草嫩芽、嫩菜叶、西瓜、黄瓜等植物性饲料及蛋类、牛奶、面包等。饱餐后可在几天内不再进食。

人工养殖得较多的是少棘蜈蚣和多棘蜈蚣，少棘蜈蚣主要分布于湖北、河南、陕西、江苏、浙江等地，多棘蜈蚣主要分布于广西。蜈蚣的寿命可长达 5~6 年。

在自然条件下，蜈蚣从卵产出到变为发育成熟的成虫需3 年时间。同一年孵出的蜈蚣，幼体的大小与卵的产出时间有关，其原因在于母体营养状况的季节性差异。生长速度与采食的质量和采食期的长短有很大关系。室内人工养殖的蜈蚣比在室外自然放养的长得快。

蜈蚣人工养殖的饲养管理要点如下：

1. 引种

获取种用蜈蚣的途径有两条：从养殖场引种和捕捉野生

蜈蚣。

从蜈蚣养殖场引种时，要选择个体大、性情温和、无病无伤、3岁左右的蜈蚣，雌雄比为 3∶1 或 4∶1。

捕捉野生蜈蚣做种，一般于清明至立夏的夜晚进行。捕捉方法有两种：在晚上 8 时至翌日凌晨 3 时在灯光下在蜈蚣经常活动的地方翻动石块、朽木或草堆诱捕，或在常有蜈蚣出没且阴暗潮湿的地方挖一长 1~2 米、宽 0.5 米、深 0.2 米的坑，放入新鲜的鸡毛、鸡骨以及腐草、牛粪、马粪、鸡粪等，上盖潮湿草苫引诱蜈蚣，几天后即可在清晨捕捉。捕捉蜈蚣宜用竹镊夹住放入留有小孔的带盖铁桶或塑料桶中。运输时，在容器里放些树叶或细的树木枝条并洒水保持湿润；运输时间较长者，可在途中喂些面包屑、切碎的苹果或梨等。

2. 养殖方式

人工养殖蜈蚣可采用缸养、池养、罐养、地沟养等方式，甚至在蜈蚣经常活动的地方，挖一条沟，沟内放进鸡毛、骨头、有机垃圾等物，再覆盖上松土，就可招引来蜈蚣。

1）箱养。饲养箱用木板制成，长 55 厘米、宽 45 厘米、高 30 厘米，内壁贴上一层无毒塑料薄膜，上面加盖一个网眼细密的铁纱网箱盖。饲养箱可置于架上，上下设置 3 层。在箱内居中摆放 5~6 层平瓦，与四壁间留出一定间隙，瓦片四角支起 1.5 厘米左右，瓦片间的空隙供蜈蚣栖息。事先将瓦片洗干净，在 0.1%~0.3%高锰酸钾液中浸泡半小时，取出后趁湿入箱。瓦片需定时更换，以保持湿润和清洁。

2）缸养。用口径 0.5 米以上的瓦缸或陶瓷缸均可。若用破缸，可打掉底部，口朝下埋入土中 20 厘米左右，将沿缸外周的土夯实，在缸内靠中间用平瓦或砖、土坯垒起来，各层间留空隙，最上层低于缸口 10 厘米左右，坯与缸壁间留出一定空隙。如果用完好的缸，缸口朝上，先在缸底放一层碎石子或碎瓦片，再覆盖 30 厘米厚经阳光暴晒过的由树叶、秸秆类沤制的肥土，然后在土层上按要求叠放砖或瓦片。缸口用铁纱网盖罩住，防止蜈蚣逃跑。

3）池养。在室内或室外建池养殖。室外养殖池要建造在地势高燥、阳光充足而又有适量树木遮阴的地方。

养殖池长方形，用砖或石块等砌成，水泥抹面，池高 80 厘米，单池面积可大可小，一般以 2~5 平方米为宜。池底不用水泥硬化，堆放 15~20 厘米高石头或断砖、瓦片，形成空隙，再铺一层厚约 10 厘米肥土，在土上堆放 5~6 层瓦片，瓦片间留 1.5 厘米的空隙。池口四周内侧面粘贴 15 厘米宽的玻璃条或光滑的塑料薄膜，池口用铁纱网罩严防逃。

为了节约养殖设施的建造成本，45 日龄的蜈蚣即可由箱养或缸养转入养殖池内饲养。

3. 搞好温度和湿度管理

蜈蚣是变温动物，野生蜈蚣喜生活在阴暗、潮湿、温暖、能避雨、空气新鲜的无风或仅有微风的地方，常栖息于温度和湿度适宜的杂草丛中、朽木落叶下、岩石和土地的缝隙中。

在人工养殖条件下，气温在 20℃ 左右时，蜈蚣的活动量一般；最适温度为 25~32℃，此时活动量大，捕食活跃；在 33~35℃，会发生体内水分流失，蜈蚣停止活动；当温度升到 36℃ 以上时，体内失水加速，最终导致干枯死亡；环境温度低于 10℃ 时，蜈蚣不再采食，降至 -7℃ 便进入冬眠。

蜈蚣生活场所的土壤湿度宜在 20% 左右，空气相对湿度 60%~75%。

4. 保持环境安静

蜈蚣胆小易惊、怕日光，昼伏夜出，稍受惊吓就会停止摄食并立即逃走或蜷缩不动。惊扰还会延长蜈蚣的蜕皮时间和影响繁殖。

5. 繁殖管理

精心饲养和良好管理有利于维持蜈蚣的正常繁殖活动。

在产卵前，应调节食物种类、增加喂食量，诱使雌蜈蚣大量进食，促进体内积蓄大量的营养物质，以保证顺利产卵和孵化。蜈蚣在孵卵期间不用喂饲，它靠消耗体内贮备的营养维持活动。

蜈蚣产卵、孵化室的窗子宜挂布帘或竹帘遮光，室内最好安装红光灯，不可用手灯照射蜈蚣。

在产卵期间，不要移动养殖池内的任何物体。在不受外界惊扰的情况下，蜈蚣产卵需 2~3 小时，孵化期长达 43~50 天。产卵量 20~150 粒，一般以 40~60 粒较常见。卵呈椭圆形，大小不一，长径 3~3.5 毫米，米黄色，半透明状，粘在一起成为卵块。正在产卵的雌蜈蚣若受到惊扰，就会使产卵中止。

在孵化期内，必须保持环境安静，否则雌蜈蚣会吃掉卵粒或孵出的幼体。孵化期间，湿润的环境有利于胚胎发育。若湿度过低而需向池内加水时，不要直接将水洒在池内，也不要加水过多，应沿着池壁一边以细流倒水一边缓慢移动，使池壁各处略微潮湿即可。

6. 分龄饲养

孵化结束后，雌蜈蚣会离开孵化巢单独活动，幼龄蜈蚣也具备了单独活动和寻食的能力，此时应将雌体及时移出或将幼体分离饲养，以免它们彼此干扰。另外，蜈蚣蜕皮一次就长大一些，大小蜈蚣混养会影响生长发育的速度，故一般应根据蜕皮情况或体格大小进行分群。

7. 饲养密度要适宜

一般每平方米养殖池可投放成年蜈蚣 500~900 只。蜈蚣有大小聚居在一起的习性，栖息处过于拥挤时，大的蜈蚣通常会自动走开另觅栖息地，但无疏散余地时也会自相残杀。

8. 喂饲和卫生管理

蜈蚣不采食腐败食物，要供给新鲜饲料。饲料应投放在便于清理的浅盘中，蜕掉的皮也要及时清除，防止食物、垫土霉变。

蜈蚣不耐渴，饲养池内需经常保持有清洁饮水。

虽然蜈蚣的抗病力较强，很少发病，但若管理不当，环境严重污染，会引起蜈蚣患绿霉病、黑斑病、胃肠炎、咽部溃疡等细菌性疾病，因此要做好定期消毒工作。

9. 防止天敌侵袭

蜈蚣的天敌主要有鼠、蟾蜍、蚂蚁等。蜈蚣在蜕皮时最易受到蚂蚁攻击，平时要特别注意做好防蚁工作。

10. 蜈蚣咬伤的处理

人被蜈蚣咬伤后，不要惊慌，应及时采取措施进行处理。

被小蜈蚣咬伤后，仅引起局部发生红肿、疼痛；被热带大蜈蚣咬伤则疼痛更为剧烈，甚至出现多种中毒反应或淋巴管炎和组织坏死，但也无生命危险。中毒反应的一般症状为头痛、发热、眩晕、恶心、呕吐，严重者出现说胡话、抽搐、昏迷等全身症状。有全身症状者应尽快到医院治疗。

人被蜈蚣咬伤后，应立即用力挤伤口至出血，并用肥皂水或3%氨水、5%~10%小苏打水、石灰水、0.1%高锰酸钾液冲洗伤口，或通过拔火罐吸出毒液，也可将新鲜桑叶、鱼腥草、蒲公英叶或洋葱捣烂，涂擦或外敷；还可立即用绷带或布条在伤口离心脏近的一侧2~3厘米处扎紧，每15分钟放松1~2分钟，内服季德胜蛇药10~20片，同时将季德胜蛇药10~20片碾碎，用冷开水或茶水调成糊状敷患处，然后尽快到医院就医。

公蝎　　　　　　　　母蝎

交配前求偶的公蝎钳住母蝎　　母蝎背负新生仔蝎

栖居在纸蛋托上的 4 龄蝎　　塑料杯内单只饲养的负仔蝎

登封立诚养蝎场蝎房一角

冬至前 2 天从温室内移至
室外走廊里拍摄的孕蝎

利用盆置纸蛋托养育幼蝎

栖居在盆内纸蛋托中的 4 龄蝎

纸蛋托养育幼蝎(垛顶置有供蝎饮
水和调节环境湿度的湿沙盘)

砖垛与纸蛋托混养区

登封立诚养蝎场生产的蝎毒液
与蝎毒粉

室内砖垛养蝎

手工采集蝎毒

蝎毒采集仪器

在纸蛋托蝎窝上投放饲料虫

预制的土质蜂窝状蝎窝
（成品垛,登封立诚蝎业专利）

黄粉虫饲育池

黄粉虫

黄粉虫饲育架

混养的不同龄期黄粉虫

饲料虫虫筛

用轧碎的小麦片和菜叶饲喂
黄粉虫